엄마공작실

한 그루의 나무가 모여 푸른 숲을 이루듯이
청림의 책들은 삶을 풍요롭게 합니다.

파워블로거 설연의 감성 육아 메이킹 다이어리

엄마 공작실

박설연 지음

청림Life

엄마들을 위한 핸드메이드 책

작업 도구들을 정리하여 제자리에 놓고 보니, 드디어 책이 나오나 보다 하는 생각이
든다. 작년 한창 더운 어느 여름날, 출판사로부터 연락이 왔다. 엄마표 핸드메이드
책을 만들어줄 수 있겠느냐고. 머뭇거리는 나에게 담당 편집자가 말했다. 흔한
핸드메이드 책이 아니라 무엇이든 아이를 위해 더 예쁘게 더 멋지게 꾸며주고 싶어
하는 엄마들을 위한 핸드메이드 책이라고.

무엇이든 손으로 하는 작업은 매력적이다. 컴퓨터로 디자인을 하는 편집디자이너로
일하면서 나는 손으로 만드는 일에 목말랐다. 결혼을 하고 직장을 관두면서
시간이 생기자 가장 먼저 시작한 것이 꽃꽂이, 선물 포장, 스크랩북킹 등 수공예
배우기였다. 핸드메이드에 빠진 나는 각종 도구와 재료를 사서 집 안에 정식으로
작업실을 꾸렸다. 그리고 매일같이 무엇인가 만들고 사진으로 찍어 블로그에 올리곤
했다. 그렇게 1년쯤 되자 나는 생활공예 부문 파워블로거, 핸드메이드 작가, 페이퍼
아티스트로 불리고 있었다. 블로그에는 "설연님이 만들면 무엇이든 예뻐져요"
"설연님은 아이디어 뱅크"라는 댓글이 달렸다. 없던 힘도, 바닥난 아이디어도
솟아나게 하는 글들이었다. 그렇게 핸드메이드에 푹 빠져 있던 2010년 7월.
내 삶에 최고의 선물인 첫째, 서이가 태어났다.

아이가 태어난 후의 삶은 이전과는 너무나 달랐다. 하나에서 열까지 아이를
중심으로 생각하고 생활하게 되었다. 이는 자연스럽게 나의 만들기를 일반
생활공예에서 아이를 위한 것으로 바꾸게 했다. 그 본격적인 시작은 서이의
100일상을 준비하면서였다. 내 아이를 위한 첫 번째 파티를 내 손으로 직접
꾸며주고 싶었다. 100일 기념 플래그를 만들고 파스텔 톤 풍선으로 천장을 가득
채웠다. 아껴두었던 파란 체크 린넨으로 식탁보를 깔고 맛있는 떡케이크도
주문했다. 임신 전부터 사두었던 앙증맞은 아기 신발로 테이블을 장식하고
마지막으로 사랑하는 마음을 듬뿍 담아 만든 2단 기저귀케이크를 놓았다. 아직 몸도
성치 않고 혼자서 갓난아기를 돌보며 이곳저곳 직접 발로 뛰고 이것저것 손으로
만들어야 했지만 하나도 힘들지 않았다. 이 모든 것이 아이에게 추억이 된다는 것을
생각하면 그저 행복했다. 나는 엄마가 된 것이다.

아이를 생각하면 절로 행복한 마음이 드는 것은 나만의 이야기가 아닐 것이다.
눈에 넣어도 아프지 않다는 어른들의 말씀에 공감한다. 늘 아이에게 세상에서
가장 좋은 것을 해주고 싶은 마음뿐이다. 서이의 100일 파티 이후 많은 사람들이
100일상 차림에 대해 물어봤다. 따라하고 싶은데 방법을 모르겠다고 했다. 모두
아이에게 예쁜 추억을 만들어주고 싶어 하는 엄마들이었다. 그렇게 아이가
커가면서 방을 바꿀 때도, 아이와 함께 장난감을 만들 때도 늘 문의가 빗발쳤다.
아이 방에 칠한 페인트가 무엇인지, 나무로 된 벽은 어떻게 만드는 것인지, 오늘
만든 장난감의 재료는 무엇인지. 나처럼 다른 엄마들도 아이들을 위해 예쁜 것,
좋은 것을 해주고 싶은 마음이었던 것이다.

내가 아이를 위해 만드는 대부분의 물건들은 너무나 간단한 것들이다. 재료와
만드는 법만 안다면 누구나 쉽게 따라할 수 있다. 육아로 시간이 없는 엄마라도
종이를 자르고 실로 꿰기만 하면 멋진 플래그를 만들 수 있고 마스킹테이프
하나면 특별한 파티 장식이 가능하다. 나는 이 책에 그런 엄마표 핸드메이드
아이디어와 방법을 담았다. 늘 아이를 위해 종종걸음 치는 엄마들에게
조금이나마 도움이 되길 바라는 마음이다. 엄마가 아이를 위해 직접 무엇인가
만들어준다는 것 자체가 아이에게는 커다란 선물이다. 이 책을 보면서 많은
엄마들이 오늘은 우리 아이를 위해 무엇을 만들지 즐거운 고민에 빠지길
기대한다.

CONTENTS

HOME PARTY

홈파티

선물 포장

인테리어

장난감

이 책에서 자주 쓰는 재료

공예용 가위

끝이 뾰족하고 날이 날카로운 공예용 가위를 추천한다. 접착력 있는 재료를 자를 때는 재료가 잘 달라붙지 않는 'Non-Stick 공예용 가위'를 사용하면 편리하다.

자

플라스틱 자보다는 무게가 있어 종이를 움직이지 않게 눌러 주는 스테인리스로 된 자를 추천한다. 짧은 자보다는 30cm 이상의 자를 사용하는 것이 좋다.

칼

가위로 자를 수 없는 부분이나 정확하게 선을 자를 때 사용한다. 문구용 칼을 사용해도 무관하지만 정교한 작업을 할 때는 칼 끝이 날카로운 공예용 칼을 추천한다.

딱풀

종이를 사용하는 만들기를 할 때는 기본적으로 물기가 없는 딱풀을 사용한다. 다만 의도적으로 종이를 딱딱하게 굳게 하기 위해 물풀을 사용하기도 한다.

목공 본드(오공 본드)

전천후 접착제. 원래는 나무와 같이 결이 있는 것을 붙이는 데 사용하여 목공 본드라고 하지만, 종이, 플라스틱, 도자기에도 사용할 수 있다. 불투명한 흰색으로 되어 있으며 굳으면 투명한 색으로 바뀐다.

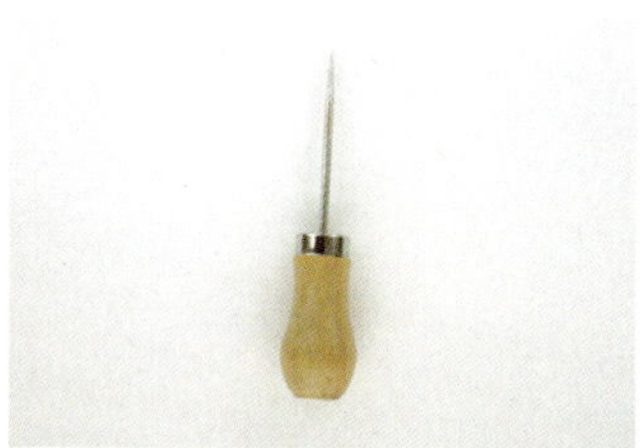

송곳

종이에 작은 구멍을 뚫을 때 사용한다. 손에 쥐었을 때 편안한 것이 좋다. 단단한 것에 무리하게 사용하면 자칫 뾰족한 앞부분이 휘어져 망가질 수 있으니 주의한다.

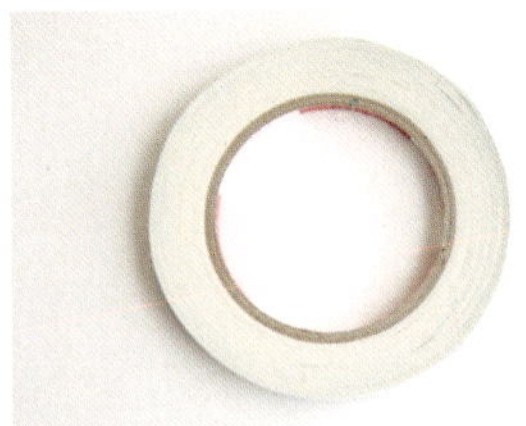

양면테이프

양면이 테이프로 되어 있어서 종이,
장식을 붙일 때 깔끔하게 붙일 수 있
다. 얇은 소재로 되어 있어 사용할
곳에 붙이지 않고 미리 보호 비닐을
뗄 경우 테이프가 서로 붙을 수 있으
니 주의한다.

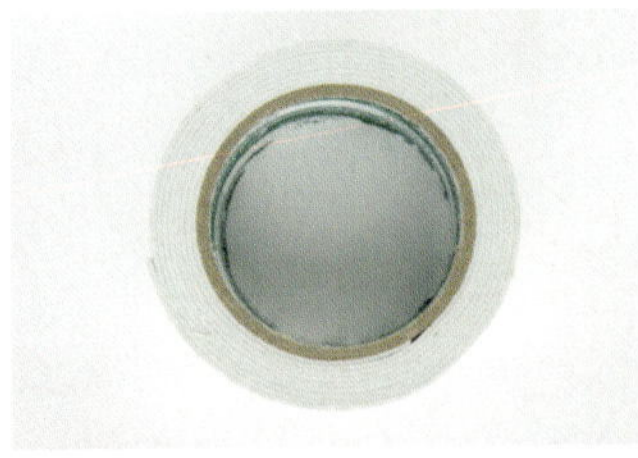

폼테이프

양면테이프의 한 종류. 스펀지 양면
에 테이프가 붙어 있는 것으로 도톰
하다. 장식을 붙였을 때 입체감을 느
낄 수 있어 만들기할 때 다양하게 활
용한다.

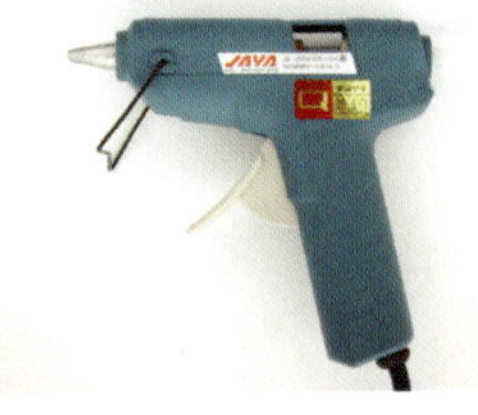

글루건

실리콘 심을 열로 녹여 접착제로 사
용하는 접착 도구. 표면이 울퉁불퉁
하거나 무게가 있어 풀이나 테이프
등의 접착제로 고정할 수 없을 때 사
용한다.

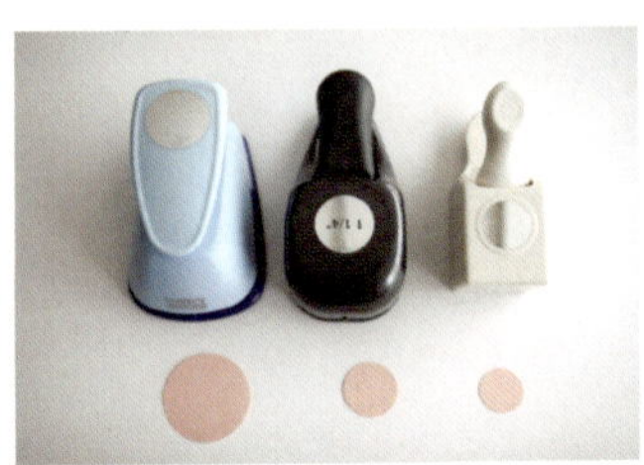

원형펀치

원형 모양으로 종이를 자를 수 있는
펀치. 작은 원에서 큰 원까지 크기가
다양하다. 아이들과 만들기를 자주
한다면 원 크기가 1인치인 펀치를 하
나쯤 구입하는 것을 추천한다. 가격
은 브랜드와 종류에 따라 다양하지만
주로 1~2만 원대에 구입할 수 있다.

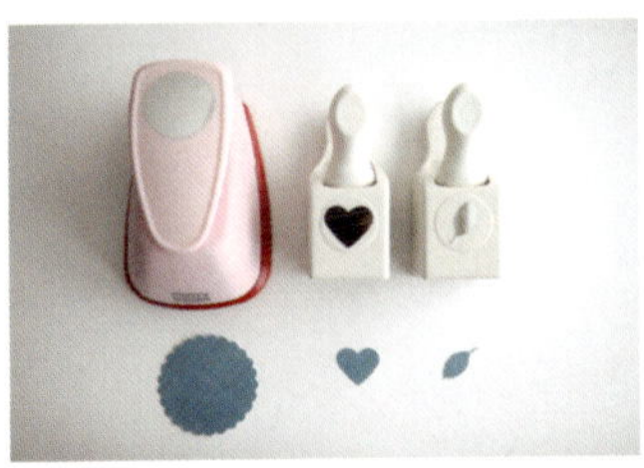

모양펀치

다양한 모양으로 종이를 자를 수 있
는 펀치의 총칭. 모양펀치의 종류는
꽃, 하트, 나뭇잎 등 잘리는 모양에
따라 매우 다양하다. 만들기를 할 때
장식으로 사용하는 종이를 자를 때
주로 사용하며 가격은 종류에 따라
1~5만 원대까지 다양하다.

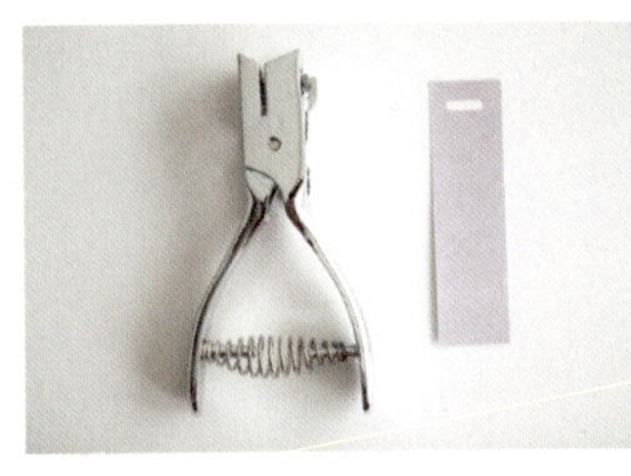

일자펀치

14mm 길이로 종이를 자를 수 있는
펀치. 명찰이나 고깔모자 등 종이에
리본이나 넓은 끈을 끼울 구멍을 만
들 때 주로 사용한다. 칼로 자르는
것보다 깔끔하게 잘려 만들기의 완
성도를 높인다. 종류는 한 가지이며
가격은 약 1만4천 원이다.

종이

크라프트지

표백하지 않은 크라프트 펄프로 만든 갈색빛 종이. 특유의 색과 질감이 있어 자연스러운 느낌을 연출하는 데 좋다. 종이 두께가 두껍고 잘 찢어지지 않아 박스 만들기 등으로 자주 활용한다.

색지

무늬 없이 한 가지 색으로 만들어진 종이. 원색부터 파스텔 색까지 다양한 색의 종이가 있다. 전문적으로는 종이 질감이나 두께에 따라 매직터지, 머메이드지, 구김지, 주름지 등으로 다양하게 불리지만 이 책에서는 모두 색지로 통일하였다.

패턴지

다양한 무늬가 그려진 종이. 물방울 무늬, 빗살무늬, 그림 등 디자인이 다양하다. 양면으로 구성되어 있는 경우가 많아 간단한 것을 만들어도 화려하게 보이는 특징이 있다.

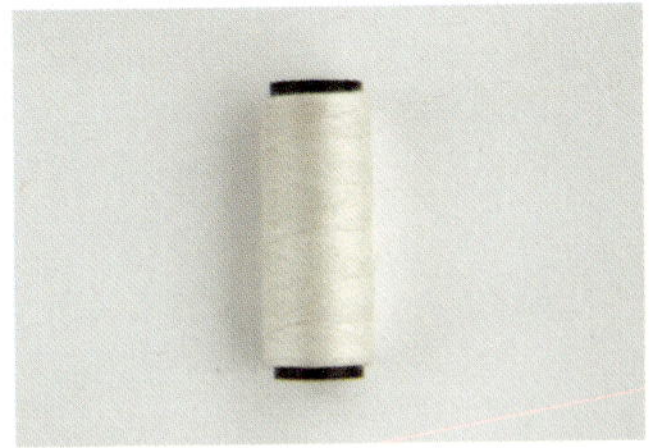

실

보통 집에서 바느질 용도로 사용하는 명주실이나 나일론 실. 만들기 오브제를 연결하는 데 사용한다. 여러 가지 색상이 있으니 오브제 색에 맞춰 사용하면 좋다.

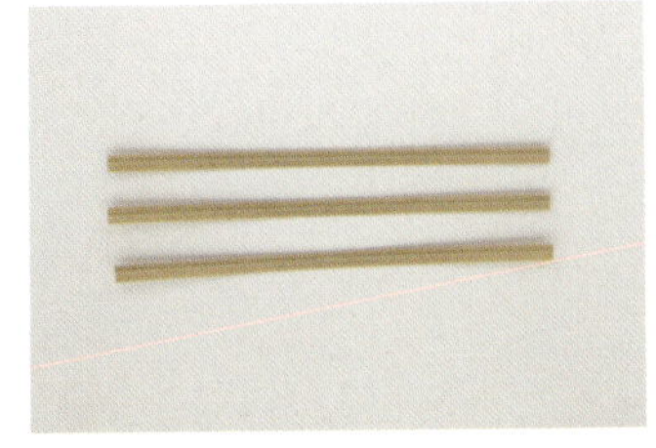

빵 끈

가는 와이어가 들어가 있는 끈. 주로 빵을 포장할 때 사용되어 빵 끈이라고 불린다. 쉽게 구부러지고 모양이 고정되어 아이들과 만들기할 때 유용하게 사용된다.

리본

평면 포장을 하거나 리본 장식을 할 때 사용한다. 리본을 한 번 두르는 것으로도 고급스러운 느낌을 더 한다. 색깔과 너비가 다양하며 길이 단위로 구매할 수 있다.

트와인(데코실)

색깔 실과 흰 실을 꼬아 만든 실. 데코실의 대표라고 할 수 있다. 두 줄의 실을 꼬아 만든 실이라 튼튼한 것이 특징이며, 색상 및 실의 짜임에 따라 종류가 매우 다양하다. 어떤 오브제에 사용해도 무난하면서도 세련된 멋을 느낄 수 있다.

에이브릴뜨개실(데코실)

실의 짜임으로 만든 장식이 있거나, 실제 작은 장식이 달려 있는 데코실. 장식에 따라 종류가 매우 다양하다. 데코실로 사용하는 것은 주로 가늘고 장식이 많다. 실 자체가 화려해서 끈을 한 번 감는 것만으로도 멋진 연출을 할 수 있다.

마 끈(데코실)

실제 마로 만들어지지 않았지만 자연스러운 갈색빛에 다소 뻣뻣하고 짜임이 굵은 것이 마의 느낌과 비슷하여 마 끈이라고 부른다. 실의 굵기, 색의 농도가 다양하다. 자연스러운 느낌을 연출할 때 사용하면 좋다. 리본 공예, 선물 포장, 소품 장식에 사용하기 좋다.

장식

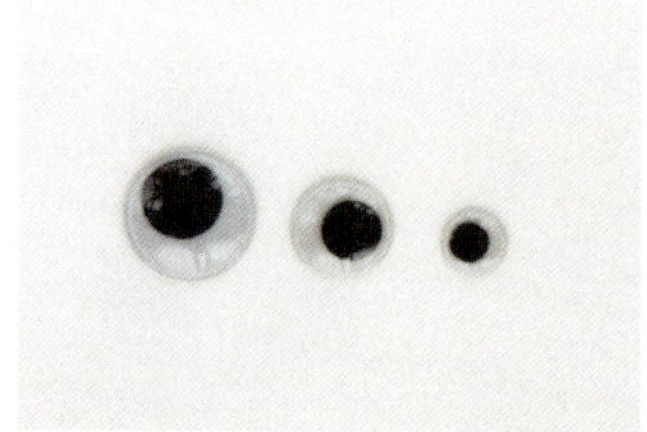

눈 모형

엄마표 장난감을 만들 때 가장 유용한 장식. 어떤 곳이든 눈 모형만 붙이면 얼굴이 되며 눈동자가 움직여 생동감을 준다. 크기가 다양하며 상황에 맞게 사용하면 좋다.

솜방울

극세사 털실로 만들어진 공 모양의 장식. 다양한 색상과 크기가 있으며 꼬리, 코 등을 표현할 때 유용하다. 솜방울, 폼폼, 뽕뽕이 등 다양하게 불린다.

할핀

두 개의 다리가 달려 있고 이것을 양 옆으로 벌려 고정하는 핀. 여러 장의 종이를 하나로 고정하는 데 좋다. 할핀 머리의 모양, 크기, 색상이 매우 다양해 장식으로도 유용하다.

스탬프

다양한 그림이나 문양이 고무에 새겨져 있다. 같은 문양을 여러 번 반복해서 찍을 수 있다는 것과 스탬프 특유의 느낌이 만들기의 완성도를 높인다.

레이스

린넨사로 만들어진 리본의 한 종류. 사랑스러운 느낌을 줄 수 있는 장식 재료다. 바느질로 고정하기도 하지만 종이에는 양면테이프로도 쉽게 붙일 수 있다. 보통 길이 단위로 판매된다.

도일리페이퍼

레이스 모양의 종이. 보통 흰색으로 테두리가 레이스 문양으로 되어 있어 화려하다. 선물 포장, 테이블 데코에 포인트로 사용하기 좋다.

마스킹테이프
손으로 쉽게 찢어서 사용할 수 있는
종이테이프의 한 종류. 디자인과 색
이 다양하여 장식용으로 많이 쓰인
다. 또한 여러 번 떼었다 붙일 수 있
다는 큰 장점이 있다.

패브릭스티커
앞면은 천, 뒷면은 스티커로 되어 있
다. 종이보다 고급스러운 느낌을 줄
수 있어 리폼, 꾸미기를 할 때 유용
하게 사용된다. 다양한 패턴과 색이
있으며 보통 A4 사이즈로 판매된다.

패브릭테이프
앞면은 천, 뒷면은 테이프로 되어 있
다. 디자인과 색이 다양해 장식용으
로 많이 쓰인다. 천으로 되어 있어
쉽게 끊어지지 않으며 고급스러운
느낌을 준다. 한 번 붙이면 뗄 수 없
으니 붙일 때 유의한다.

HOME
PARTY

홈파티

오늘은 아이 친구들을 처음으로 초대한 날입니다.
꼬마 손님들에게 잘 보이기 위해
며칠 동안 밤잠을 설치며 이것저것 준비했어요.
아이 사진을 넣은 갈런드를 만들고 천장에 화려한 꽃볼을 걸고
파티 분위기 물씬 풍기는 고깔모자와 피리도 준비했습니다.
테이블에는 아이들이 좋아하는 달콤한 케이크와 초콜릿을 올리고
앉을 자리마다 꼬마 손님의 이름이 적힌 카드를 두었죠.
드디어 초대한 꼬마 손님들이 도착했습니다.
처음 보는 화려한 파티 장식에 아이들 눈이 휘둥그레집니다.
아이는 그런 친구들에게 모두모두 우리 엄마가 만든 거라고 자랑합니다.
그리고 뒤돌아 한 마디. "엄마, 최고!"
아! 며칠 밤을 샌 피로가 사라집니다.

고깔모자 만들기

다가오는 생일을 위해 만들어 놓은
고깔모자를 발견한 아이가 "파티다, 파티" 하며 좋아합니다.
나도 어릴 때 고깔모자만 보면 신이 나곤 했는데,
누가 내 아들 아니랄까봐 모전자전입니다.
고깔모자 하나에 팔짝팔짝 뛰는
아이를 보다 보니 저도 괜스레 신이 나네요.
머리에 슬그머니 고깔을 얹고
아이와 함께 폴짝폴짝.
우와, 신나는 파티다!

READY

펠트지, 솜방울, 데코실,
색지(가로 2cm×세로 5cm)
4장, 일자펀치, 리본, 레이스
양면테이프, 글루건

HOW TO MAKE

1 펠트지에 고깔모자 도안(별첨 도안지 참조)을 대고 그린 후 자른다.
2 1을 말아 끝을 양면테이프로 붙여 고깔모자를 완성한다.
3 준비한 색지를 모두 반으로 접는다.
4 3을 좌우에서 사선으로 잘라 세모꼴을 만든다.
5 4를 데코실로 모두 꿴 후 양면테이프로 벌어진 삼각 색지를 붙인다.
6 5를 고깔모자에 묶는다.
7 고깔모자의 아랫부분에서 1cm 위쪽에 일자펀치로 구멍을 뚫고 리본을
   연결한다.
8 고깔모자 아랫부분에 양면테이프로 레이스를 붙여 장식한다.
9 고깔모자 꼭대기에 글루건으로 솜방울을 고정시킨다.

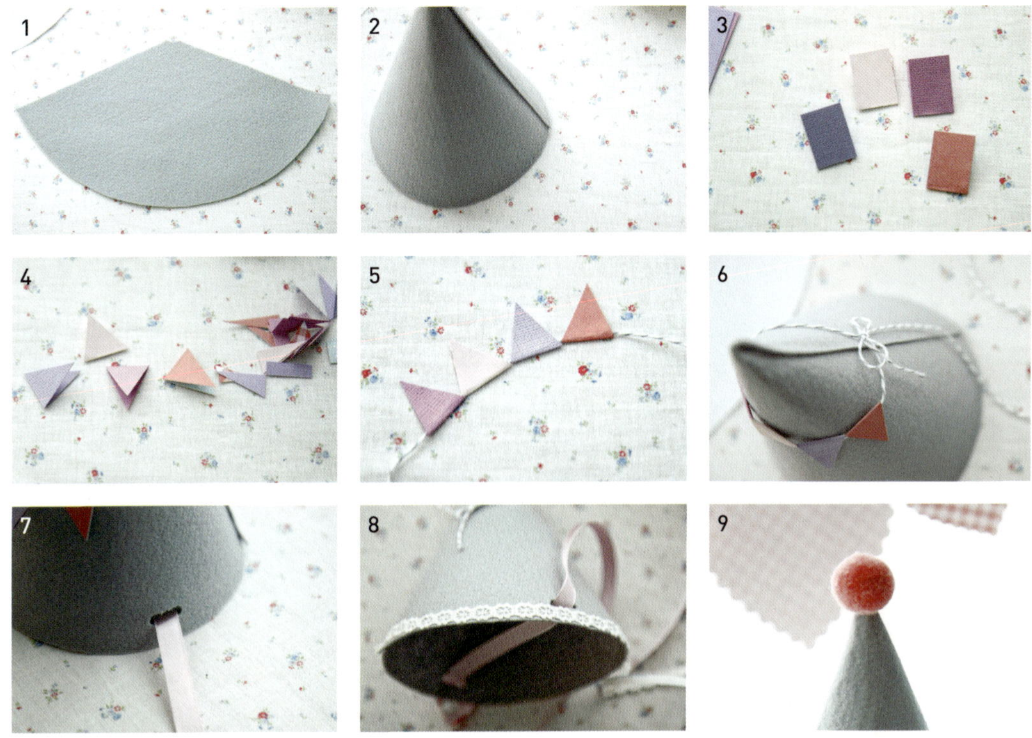

1 파티에 초대되는 친구들의 고깔
모자도 함께 준비하자.
2 양면테이프로 고깔모자 형태를
고정할 수 없다면 실로 꿰맨다.
3 한여름엔 펠트지 대신 구멍이
뚫린 타공지로 만들어 보자.

왕관 만들기

아이가 엄마 머리에 그릇 하나를 얹고
본인 머리에도 그릇을 하나 얹더니
"엄마는 공주님, 나는 왕자님"이라고 합니다.
아이 덕분에 공주님이 되었어요.
아이와 함께 그릇을 떨어뜨리지 않으려고
한참을 조신하게 앉아 있었답니다.

종이컵 슬리브, 크레파스,
가위, 데코실, 송곳, 빨대,
스탬프, 잉크

HOW TO MAKE

1 종이컵 슬리브 윗부분을 3등분하여 물결 모양으로 자른다.
2 1에 스탬프나 크레파스로 그림을 그려 꾸민다.
3 슬리브 양 옆을 송곳으로 뚫는다.
4 데코실을 구멍에 넣어 묶는다.
5 4 안쪽에 빨대를 끼워 슬리브가 납작해지지 않도록 한다.

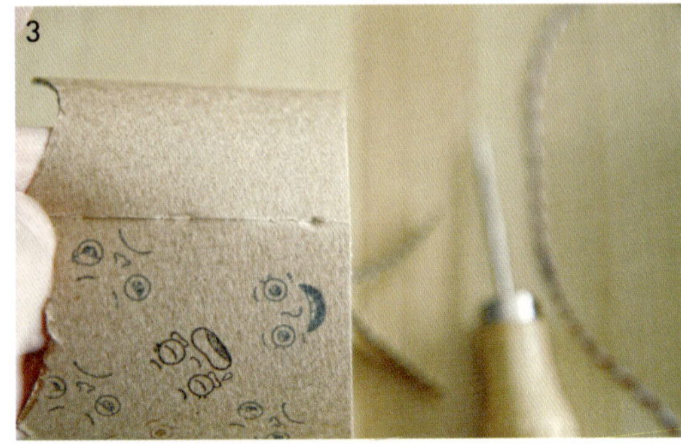

1 슬리브에 상호명이 있을 때는
스티커나 패턴지를 붙여 꾸며
보자.
2 슬리브가 벌어져 있도록 할
때 빨대 대신 이쑤시개를 사
용해도 좋다.

풀피리 만들기

파티는 자고로 시끌벅적한 것이 최고입니다.
여기저기 우당탕 뛰어다는 아이들이 더욱 신나도록
과자봉지로 뚝딱 피리를 만들어 보았습니다.
삑삑 단순한 소리뿐이지만
아이들은 파티 내내 들고 다니며 흥겨워하네요.

패턴지, 과자봉지, 풀피리,
마스킹테이프, 데코실, 가위,
양면테이프, 나무집게

HOW TO MAKE

1 깨끗한 과자봉지를 가로 21cm, 세로 5cm 크기로 자른다.
2 1의 가로, 세로에 양면테이프를 붙인다.
3 풀피리를 2의 세로 면 가운데에 두고 과장봉지를 말아 붙인다.
4 마스킹테이프로 과자봉지와 풀피리 연결 부분을 고정시킨다.
5 패턴지를 나비 모양으로 자른다.
6 5의 뒷면에 데코실을 붙여 장식한다.
7 풀피리 이음새 부분에 양면테이프로 6을 붙인다.

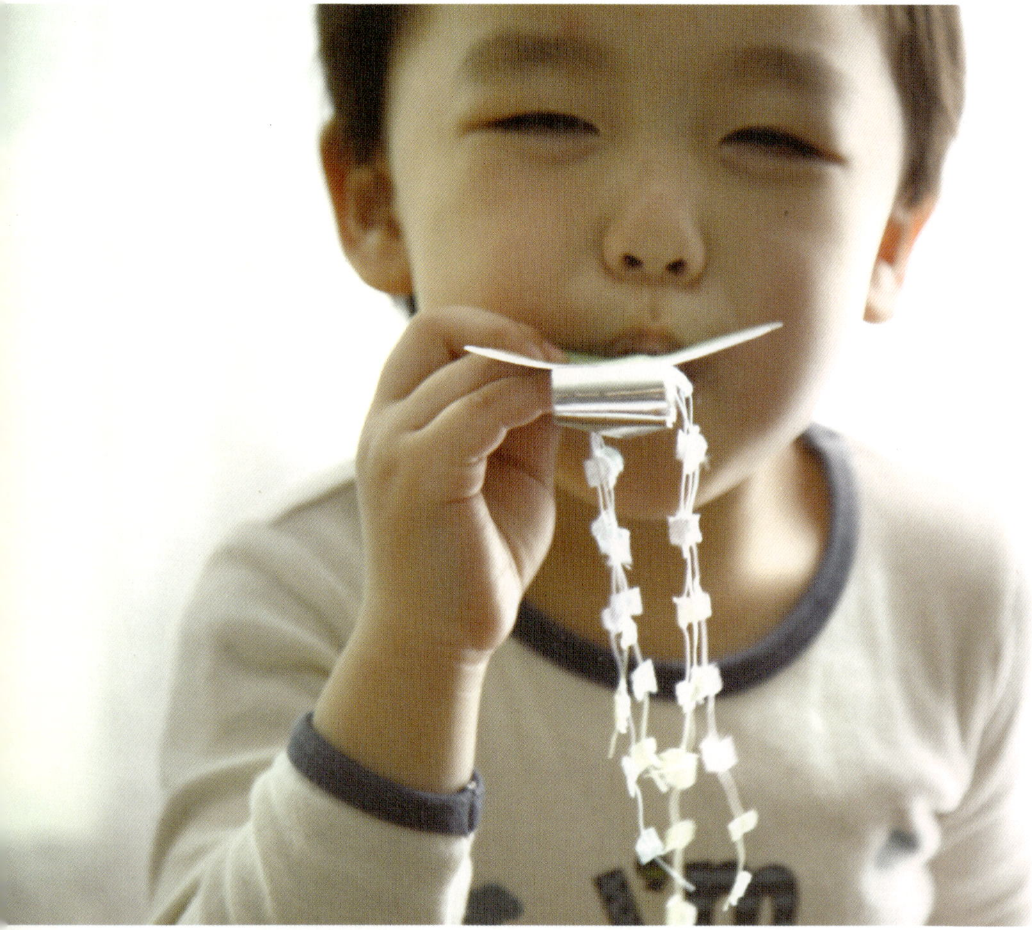

과자봉지를 돌돌 말아서 나무집게
로 고정하면 쉽게 풀리는 것을 방
지할 수 있다.

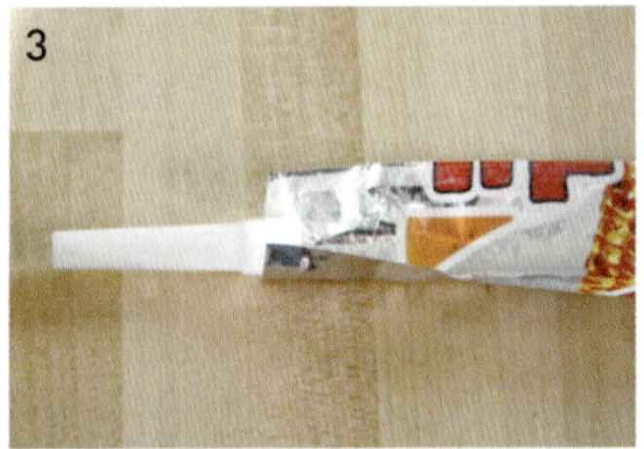

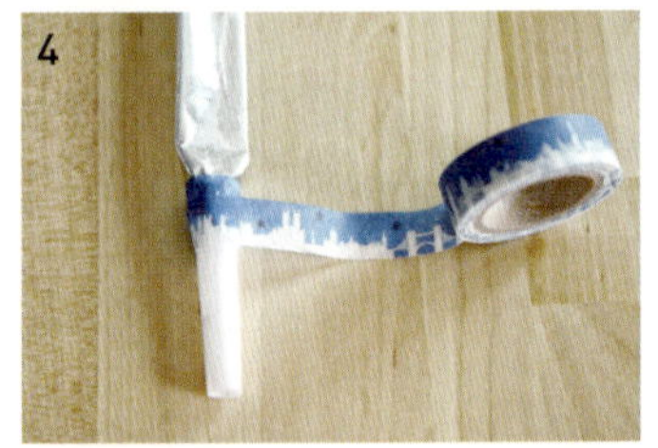

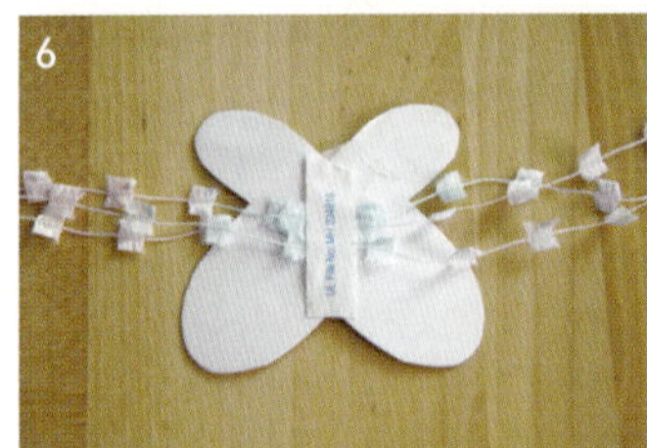

아기자기한
갈런드 만들기

가을 운동회에 만국기가 펄럭이는 것처럼
아이들 파티에서 아기자기한 갈런드를
늘어뜨리는 것만으로도 파티 분위기를 낼 수 있어요.
특히 아이들이 좋아하는 분홍색, 하늘색으로
별 모양, 하트 모양을 꾸민다면 더욱
귀엽고 사랑스러운 분위기를 연출할 수 있답니다.

하트 갈런드 만들기

또 다른 느낌을 연출할 수 있다.

패턴지, 송곳, 데코실

1 종이를 하트 모양(별첨 도안지 참조)으로 자른다.
2 송곳으로 하트 모양 위쪽에 두 개의 구멍을 뚫어 데코실로 연결한다.

자투리 천을 잘라 실로 꿰어 만들면
또 다른 느낌을 연출할 수 있다.

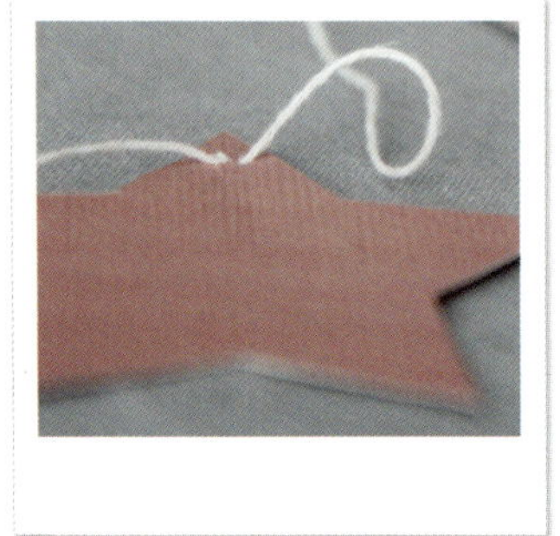

별 갈런드 만들기

색지, 송곳 , 실

1 색지를 별모양과 원 모양(별첨 도안지 참조)으로 자른다.
2 1의 위쪽에 송곳으로 두 개의 구멍을 뚫어 끈으로 연결한다.

꽃볼 만들기

파스텔 톤으로 아기자기한 소품이 가득한 파티.
짙은 원색의 커다란 꽃볼을 천장에 달았어요.
간단하게 만든 꽃볼이 값비싼 샹들리에보다 화려합니다.
풍성한 꽃볼이 천장에 주렁주렁 걸려 있는 것만으로
신나는 파티 분위기가 납니다.

습자지(가로 32.5cm×세로 24cm) 16장, 빵 끈, 실, 가위

HOW TO MAKE

1 준비한 습자지를 8장씩 두 묶음으로 나눠 각각 약 3cm 간격으로 앞뒤로 번갈아 접는다.
2 1의 가운데를 빵 끈으로 묶는다.
3 2의 끝부분을 동그랗게 오린다.
4 두 개의 습자지 묶음을 열십자(+)로 겹쳐서 가운데를 실로 고정시킨다.
5 접혀진 습자지를 한 장씩 펴서 동그랗게 만든다.

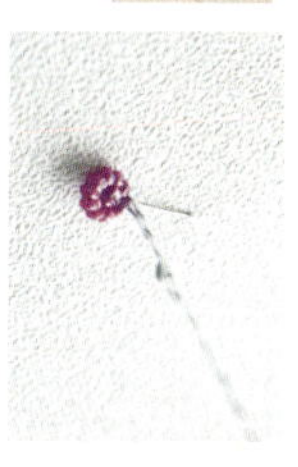

TIP

1 빵 끈은 식빵 등을 구입해서 생긴 끈을 재활용한다.
2 습자지를 다룰 때는 조금만 물이 묻어도 색이 번질 수 있으니 주의한다.
3 꽃볼을 천장에 고정할 때 테이프를 사용하면 잘 떨어지므로 옷핀을 사용한다.

네임 카드 만들기

귀한 시간을 쪼개 초대에 응해준 손님들.
파티 주최자로서 그들이 최대한 즐기기를
바라는 마음에 네임 카드를 준비해 보았습니다.
손님이 도착해서 자신이 앉을 자리를 몰라
우왕좌왕하지 않도록 미리 자리를 정해 알려주는 것이지요.
자리를 정할 때는 친한 사람들끼리 혹은 친해지면
좋을 사람들을 모아 자리 배치를 하면 더욱 좋아요.
작은 것이지만 자신의 이름이 쓰여 있는 네임 카드를 보면
아이도 어른도 모두 참 좋아한답니다.

seoi

색지[12cm×2cm(A),
8cm×2cm(B)] 각 1장,
카드지(23cm×7.5cm)
1장, 마스킹테이프, 가위,
패브릭테이프, 알파벳스티커

HOW TO MAKE

1 준비한 색지 A의 양 끝을 가운데로 동그랗게 말아 붙여 리본 모양을 만든다.

2 1을 가운데가 잘록해지도록 사선으로 위아래를 자른다.

3 2에 맞춰 색지 B도 가운데가 잘록해지도록 자르고 양 끝도 세모꼴로 자른다.

4 패브릭테이프로 2와 3의 가운데를 붙여 리본을 완성한다.

5 카드지를 반으로 접고 접힌 부분을 위로 향하도록 하여 마스킹테이프를
  붙인다.

6 완성한 리본을 카드지에 붙여 꾸민다.

7 알파벳스티커로 이름을 붙인다.

TIP

1 이름은 펜을 사용해 직접 써도 좋다. 또 네임 카드 안쪽에 간단하게 초대에 응해준 것을 감사하는 인사말을 적어 인사 카드로 활용해 보자.

2 테이블이 좁으면 개인 접시에 눕혀 두고 넓다면 접시 앞에 세워 놓아도 좋다.

알록달록
숟가락·포크 꾸미기

꼬마 손님이 여럿 오면 대접할 아이용 숟가락이 없어 고민하는 경우가 많아요.
커다란 어른 숟가락을 줄 수도 없고 몇 번 안 되는 초대 때문에
아이용 숟가락을 여러 개 구비해 놓기도 아깝고요.
그럴 때는 일회용 숟가락과 포크를 꾸며 사용해 보세요.
뚝딱 만든 장식이지만 근사한 은수저 세트 못지않아요.

나무 숟가락, 나무 포크,
마스킹테이프

HOW TO MAKE

1 숟가락과 포크 손잡이에 마스킹테이프를 붙인다.
2 손잡이 길이보다 조금 길게 잘라 마무리한다.

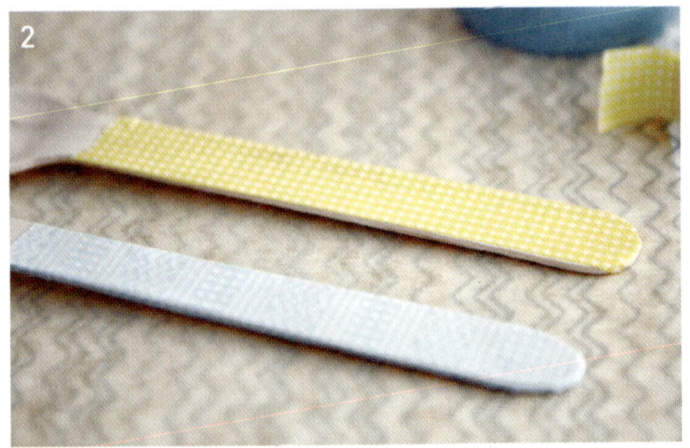

TIP

마스킹테이프 대신
초대 받은 사람의 이
름을 적어도 좋다.

데코실 하나로
유리병 꾸미기

유리병으로 된 제품은 먹고 나면 깨끗이 씻어 무조건 보관해요.
특히 작은 유리병은 모양이 예뻐서 여러 개 모아
컵으로 사용해도 충분하거든요.
제과점에서 파는 푸딩을 먹고 모은 유리병을 컵으로 꾸며 보았습니다.
간단하게 리본을 묶고 알록달록한 빨대를 꽂아 두니
마치 세트로 구비한 유리컵 같죠?

유리병, 우유, 데코실,
파티용 빨대

HOW TO MAKE

1 준비한 유리병에 파티용 빨대를 꽂는다.
2 데코실로 우유병 입구를 리본 모양으로 묶는다.

파티용 빨대가 없다가 일반
빨대에 리본을 묶어 보자.
색다른 멋을 느낄 수 있다.

과자 담는
컵 그릇 만들기

아이들 파티에서는 모두 같은 그릇이 아니면
갑자기 서로 예쁜 그릇으로 먹겠다며 작은 소동이 일어나곤 합니다.
그래서 아이 파티를 할 때는 무조건 같은 그릇에 똑같이 담아 주어야 해요.
혹시 그릇이 충분하지 않다면 컵을 과자 그릇으로 활용해 보세요.
장식 하나면 변신 완료입니다.

투명 컵, 도일리페이퍼,
나무집게, 패브릭테이프

1 나무집게에 패브릭테이프를 깃발 모양으로 잘라 붙인다.
2 도일리페이퍼를 반으로 접는다.
3 2를 다시 한 번 더 반으로 접어 깔대기 모양을 만든다.
4 컵 안에 3을 끼운 후 모양이 풀리지 않도록 나무집게로 고정시킨다.

1 사용하는 컵은 두께가 두
  껍지 않은 투명한 플라스
  틱 컵이 좋다.
2 음료를 담을 때에는 도일
  리페이퍼를 빼고 입구를
  집게로 집어 장식한다.

미니 플래그 만들기

갓 태어난 아이의 모든 것은 너무나 사랑스러워요.
나를 빤히 쳐다보는 맑은 눈, 엄마 냄새를 찾아 킁킁거리는 작은 코,
오물오물 움직이는 작고 사랑스러운 빨간 입술.
아이의 파티를 준비하다 이런 아이의 모습이 떠올랐어요.
그래서 파티 테이블 한 켠에 아이를 닮은 작고 사랑스러운
데커레이션을 만들어 보았어요.

유리병, 도일리페이퍼,
나무막대, 데코실, 색지,
패턴지(가로 2cm×세로 5cm)
3장, 가위, 양면테이프

HOW TO MAKE

1 도일리페이퍼를 반으로 자른다.

2 유리병에 1을 양면테이프로 붙인다.

3 2에 데코실을 두세 번 감아 묶는다.

4 하트 모양으로 색지를 잘라 3에 붙인다.

5 준비한 패턴지를 데코실로 꿴 후 반으로 접어 붙이고 끝을 세모꼴로 자른다.

6 나무막대에 실의 양끝을 고정한다.

7 6을 유리병에 꽂아 테이블을 장식한다.

케이크 스탠드 만들기

작은 조각 케이크를 먹을 때도 과일을 먹을 때도
무조건 예쁜 그릇에 담아 달라는 아이.
남자 아이가 예쁜 것은 왜 이리 좋아하는지….
만화에서 본 높은 접시에 케이크를 담아 달라는 말에
작은 케이크 스탠드를 만들어 봤어요.

그릇, 접시, 도일리페이퍼

1 서로 색 배합이 맞는 그릇과 접시를 준비한다.
2 그릇 위에 접시를 올리고 도일리페이퍼 한 장을 깐다.

1 기둥이 되는 그릇을 고를 때는 접시 굽이
들어가거나 안정적으로 밖으로 나오는 그
릇을 선택해야 한다.
2 같은 톤의 그릇은 자연스러운 멋을 보색
의 그릇은 세련된 멋을 느끼게 한다.

뚝딱뚝딱
종이 접시 만들기

단출하게 식구끼리 생활하다 여러 손님을 초대하고 보니
마땅한 대용량 접시가 없어요. 그렇다고 새로 사기에는 아깝고
이럴 때는 종이로 뚝딱뚝딱 나만의 그릇을 만들어 보세요.
대용량 접시부터 개인 접시까지 종이 한 장이면 모두 해결.

패턴지, 양면테이프

1 패턴지를 양면테이프로 붙여 양면이 모두 같은 무늬가 되도록 만든다.

2 1의 4면 모두 4cm가량 안쪽으로 접는다.

3 4곳의 모서리 부분을 모두 대각선으로 접는다.

4 3을 펴고 모서리 부분에 양면테이프를 붙여 뾰족하게 모양을 잡아 고정시킨다.

종이 무늬, 사이즈 등 내 마음 대로 쓰임에 맞게 만들 수 있어 물건을 정리하고 보관할 때 유용하다.

음식 꾸미기

"내일 친구를 초대하고 싶어요."
엄마밖에 모르던 아이에게 친한 친구가 생긴 모양입니다.
어린이집에서 헤어지는 것이 아쉬웠는지
집에 초대해서 같이 놀고 싶다고 하네요.
어떡하지, 내 음식이 입에 맞을까?
환영 플래카드라도 만들어 걸을까?
아이 친구에게 잘 보이고 싶은 마음에
잠시 이런저런 고민을 해봅니다.
고민 끝에 환영 플래카드는 접어 두고
아이들이 간단하게 즐길 수 있는 먹을거리를
준비하기로 했어요. 맛에는 자신 없으니
예쁘게 꾸며 점수를 얻어 볼까 합니다.

반달 갈런드로 케이크 꾸미기

패턴지, 원형펀치, 양면테이프,
데코실

1 패턴지를 2.5cm 지름으로 자른 후 반으로 접는다.

2 1을 트와인으로 연결하고 안쪽에 양면테이프를 붙인다.

3 케이크나 빵 등에 2를 둘러 장식한다.

휘핑크림으로 꾸며주면 더욱 화려하
다. 휘핑크림은 대형마트에서 쉽게
구입할 수 있다.

미니 머핀픽 만들기

그림 등 다양한 모양으로

이쑤시개, 패브릭테이프, 가위

1 이쑤시개 끝에 패브릭테이프를 반으로 접어 붙인다.
2 1을 사선으로 잘라 깃발 모양을 만든다.

깃발 모양을 세모, 네모, 동
그라미 등 다양한 모양으로
만들어도 좋다.

고깔모자를 쓴
식빵 케이크

식빵 3장, 잼, 크림치즈, 작은
그릇, 색지(가로 10cm×세로
10cm), 양면테이프, 솜방울,
글루건

HOW TO MAKE

1 한 장씩 총 3장의 식빵을 그릇으로 자른다.

2 1에 각각 크림치즈, 잼을 바르고 1장은 아무것도 바르지 않는다.

3 크림치즈를 바른 빵, 아무것도 바르지 않은 빵, 잼을 바른 빵 순서로
   쌓는다.

4 준비한 색지를 고깔모자 모양으로 오린다.

5 양면테이프로 4를 붙이고 꼭대기에 글루건으로 솜방울을 붙인다.

6 케이크 위에 고깔모자를 올려 장식을 완성한다.

TIP

1 식빵을 자를 때 사용하는 그릇의 모
양에 따라 케이크의 모양을 다양하게
구사할 수 있다.

2 빵을 자르는 그릇은 끝이 뭉툭하지
않아야 깨끗하게 빵을 자를 수 있다.
그릇으로 깔끔하게 잘리지 않은 경
우 가위로 잘라 정리한다.

캐릭터 케이크픽 만들기

캐릭터 그림, 색지, 빨대,
양면테이프, 가위, 원형펀치

1 사용할 캐릭터 그림을 중심으로 원형펀치로 자른다.
2 색지를 꽃 모양으로 자른다.
3 빨대를 납작하게 만들어 양면테이프로 1에 붙인다.
4 3에 꽃 모양 색지를 붙인다.
5 케이크에 꽂아 빨대의 길이가 길다면 잘라 조절한다.

캐릭터 그림 대신 초대 손님에
게 사진을 미리 요청해 그 사진
으로 케이크픽을 만드는 것도
좋다.

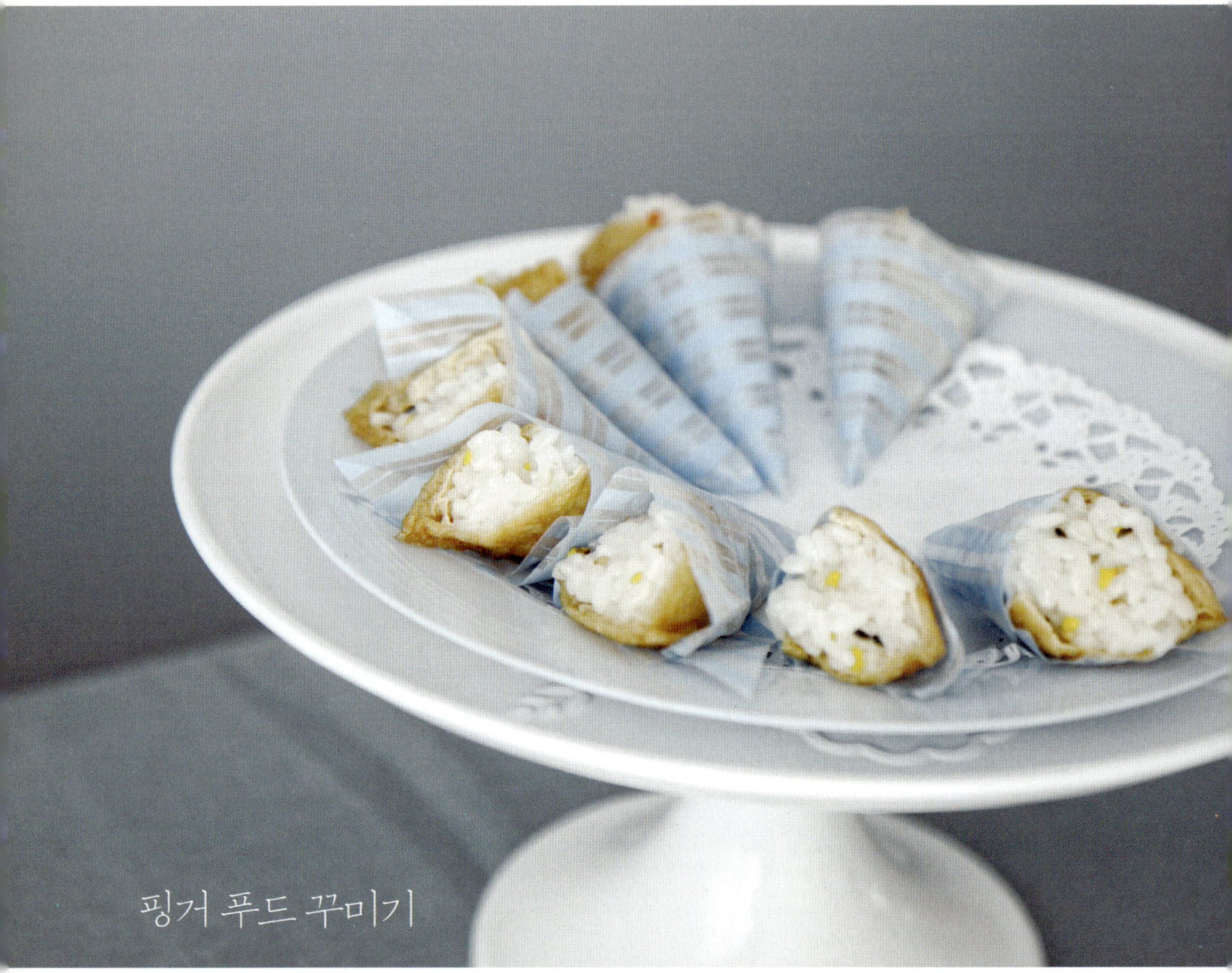

핑거 푸드 꾸미기

READY

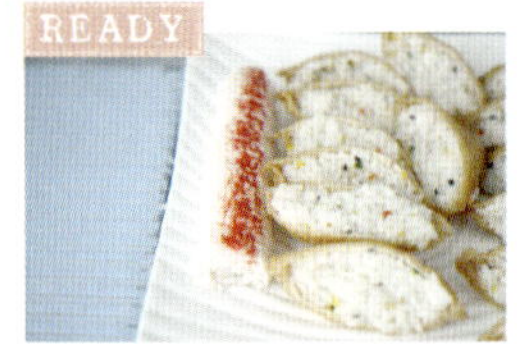

유부초밥, 유산지(가로 10cm ×세로 10cm), 도일리페이퍼, 가위

HOW TO MAKE

1 유산지를 사선으로 접고 반을 자른다.
2 1을 반으로 접듯 말아 깔때기 모양으로 만든다.
3 준비한 유부초밥을 잘라 2에 넣는다.
4 접시에 도일리페이퍼를 놓는다.
5 4를예쁘게 담는다.

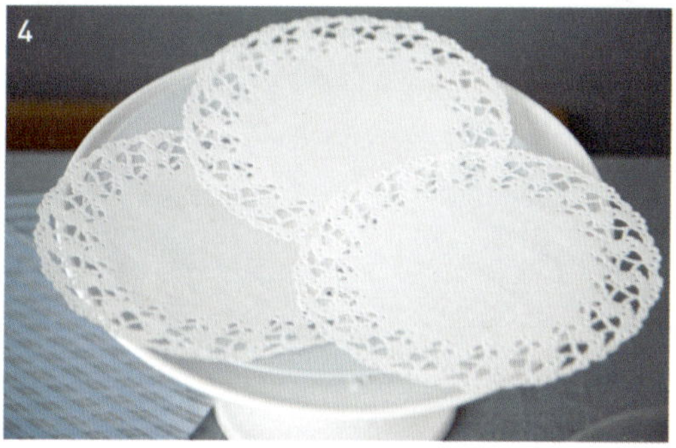

TIP

1 유산지가 없을 때는 종이호일을
  사용해도 좋다.
2 꼬지 음식인 경우 리본 하나만
  묶어도 멋진 장식이 된다.

우리 아이
첫 번째 파티
100일상 준비하기

이런 천사가 어떻게 나에게 왔을까요?
보고만 있어도 배부르다는 어른들의 말씀을 공감해요.
엄마도 아빠도 모르고 눈도 제대로 맞추지 않던 아이가,
어느새 엄마 냄새를 알고 아빠와 눈을 맞추고
누구에게나 방긋 웃어 주는 100일 차 아기가 되었어요.
세상에서 가장 소중한 내 아이의 첫 번째 파티.
조금은 서툴러도 정성껏 준비한
엄마표 파티에 여러분을 초대합니다.

100일 배너 만들기

롤크라프트지(가로 26cm×
세로 11.5cm) 7장, 천, 가위,
데코실, 풀, 양면테이프

1 준비한 롤크라프트지를 가로로 반 접는다.

2 1을 다시 반으로 접고 벌어진 쪽을 사선으로 자른다.

3 천 뒷면에 글자(별첨 도안지 참조)를 쓰고 오린다. 글자를 쓸 때는 뒤집어
   사용할 것을 고려하여 글자의 좌우를 바꾸어 쓴다.

4 글자를 풀로 롤크라프트지에 붙인다.

5 데코실에 각 글자 종이를 연결한 후 4의 안쪽에 양면테이프를 붙여
   고정시킨다.

1 크라프트지 혹은 빳빳한 색지를
  사용해도 좋다.
2 천은 자투리 원단을 사용하거
  나, 사용하지 않는 손수건, 아이
  옷 등을 활용하면 좋다

이니셜 장식으로 테이블 꾸미기

패브릭스티커, 알파벳 이니셜,
가위, 펜

1 패브릭스티커에 이니셜 장식을 대고 그린 후 그대로 자른다.
2 이니셜 장식에 1을 잘 붙인다.

이니셜 장식은 100일 잔치가 끝난
후 아이 방에 인테리어 소품으로
활용해도 좋다.

기저귀케이크 만들기

기저귀 25개, 고무줄 6개,
패턴지(가로 6cm×세로 10cm)
16장, 레이스, 조화, 양면테이프

1 기저귀 1개를 돌돌 말아 고무줄로 고정시킨다.

2 1을 중심으로 기저귀 4개를 겹쳐서 고무줄로 고정시킨다.

3 2를 중심으로 다시 기저귀 4개를 겹쳐서 고무줄로 고정시킨다.

4 케이크 하단 역시 1~3을 반복한다. 이때 2과정에서는 기저귀 5개를,
  3과정에서는 10개를 사용해 케이크 상단보다 크게 만든다.

5 4에 3을 올린다.

6 준비한 패턴지를 양면테이프로 연결해서 종이 띠를 2개 만든다(상단 7장,
  하단 9장 필요).

7 6의 위, 아래에 양면테이프로 레이스를 붙인다.

8 7을 기저귀에 두른 후 클립으로 고정시킨다.

9 조화로 기저귀케이크 상단을 장식한다.

1 기저귀 개수는 종류나 사이즈에
  따라 다를 수 있다.
2 조화 대신 아기 사진이나 신발
  을 올려 장식해도 좋다.

BABY 장식 만들기

색지, 칼, 송곳, 가위, O링,
평집게, 고리집게

HOW TO MAKE

1 색지에 영문으로 'BABY'(별첨 도안지 참조)라고 그리고 모양대로 오린다.
2 각 글자의 위쪽과 아래쪽 두 곳을 송곳으로 뚫고 평집게로 O링을 끼워 서로
  연결한다.
3 글자를 모두 연결하고 고리집게로 집어 장식할 곳에 건다.

TIP

O링을 벌릴 때는 가위를 링
사이에 넣고 들어 올려 벌리면
편리하다.

100일 테이블에 어울리는 소품들

너무 많은 것을 올리면 테이블이 꽉 차 보여서 아기가 돋보이지 않아요. 음식도 간단하게 올리고,
파스텔 톤으로 편안하면서도 사랑스러운 테이블을 연출하는 것이 좋아요.

아이 탄생찌로 꾸민 액자
편안하고 자연스러운 느낌
이 나도록 나무 액자로 테
이블을 장식해 보세요. 오
늘의 주인공 사진과 탄생찌
로 꾸민 액자입니다.

케이크와 케이크픽
엄마의 정성이 가득 담긴
기저귀케이크도 멋지지만
진짜로 먹을 수 있는 케이
크도 하나쯤 준비하는 것이
좋아요. 화려한 케이크보다
는 하얀 케이크가 오히려
더 예쁘답니다. 하얀 케이
크가 심심하다고 느낀다면
케이크픽을 만들어 꽂으면
멋진 포인트가 된답니다.

100일 벽 장식
100일 파티를 위한 벽 장식
을 준비해 봤어요. 이 앞에
서 사진 찍으면 호텔 파티
가 부럽지 않아요.

아기 신발
임신했을 때부터 너무 귀여
워 사둔 신발이에요. 아마
도 아이가 첫 번째로 신게
될 신발이겠죠? 건강하게
자라 어서 이 신을 신고 뛰
어다니길 바라는 마음을 담
아 테이블을 장식해 보았습
니다.

WRAPPING

선물포장

세상에 감사할 사람이 이렇게 많은지 몰랐습니다.
하루하루 내 아이가 건강하게 자라는 것이
문득문득 참 감사합니다.
오늘은 이런 내 마음을 전하기 위해 작은 선물을 준비했어요.
예쁘게 종이를 잘라 반듯하게 카드를 적고
선물에 맞게 포장을 하고.
아주 작은 선물이지만 받는 이의 얼굴에 미소가 번집니다.
나는 또 그 모습을 보니 기분이 좋아지네요.
지금 누군가에게 감사하다면
비싼 선물보다 직접 만든 카드 한 장,
직접 포장한 작은 선물 하나를 건네는 건 어떨까요?

앙증맞은 우유갑 포장법

어린이집에 다니다 보면 아이 친구들에게
사탕 등 작은 선물을 하게 될 일이 참 많습니다.
그냥 봉지에 담아서 주기도 그렇고 포장지로 싸기에도
모양이 예쁘지 않죠.
그럴 땐 아이가 잘 먹는 요거트통을 깨끗이 씻어 활용해 보세요.
사탕같이 모양이 일정하지 않은 것이나 손목시계처럼
둥근 모양의 선물도 모두 예쁘게 포장할 수 있어요.

READY

색지(가로 6cm×세로 25cm)
1장, 패턴지(가로 6cm×세로
25cm) 1장, 요거트통, 가위,
패브릭테이프, 양면테이프

HOW TO MAKE

1 준비한 색지를 요거트통 크기에 맞게 다섯 등분하여 접는다.
2 색지의 한 가운데에 양면테이프를 붙여 요거트통을 고정시킨다.
3 2의 양 끝에 가로로 가위집을 낸다.
4 색지를 가운데로 모아 가위집에 서로 끼워 고정시킨다.
5 4에 패턴지를 열십자(+)로 포갠다.
6 5의 양 끝에 양면테이프를 붙인다.
7 6을 서로 맞닿게 붙여 우유갑 모양을 만든다.
8 윗부분을 패브릭테이프로 감싸 마무리한다.

TIP

우유갑 모양에 구멍을 뚫어 손
잡이를 만들면 가방이 된다.

감사 카드 만들기

아이가 세상에 나오니 감사할 곳이 너무 많습니다.
새삼 친정 부모님의 존재가 가슴 찡하게 감사하고,
늘 어여삐 여겨 주시는 시부모님도 참 감사합니다.
또 아이를 정성껏 돌봐 주시는 어린이집 선생님도 감사하고
힘들 때마다 도와주는 친한 친구도 감사해요.
그래서 오늘은 이 마음을 담아 감사 카드를 전하려 합니다.

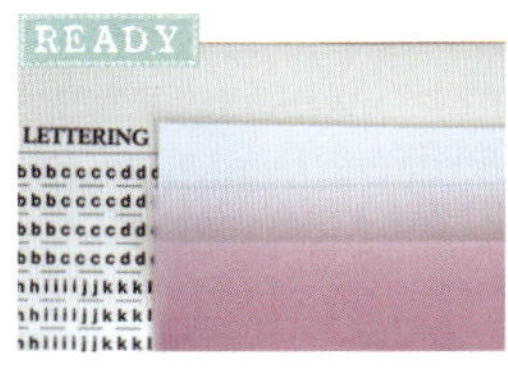

READY

카드지(가로 14cm×세로 19cm) 1장, 색이 다른 트레싱지[가로 13cm×세로 18cm(A), 가로 12cm×세로 19cm(B)] 각 1장, 패브릭테이프, 레터링시트, 조화, 가위, 양면테이프

HOW TO MAKE

1 준비한 카드지와 트레싱지 A, B를 반으로 접는다.
2 접힌 부분에 접착제를 발라 카드지 A, B순으로 서로 포개어 붙인다.
3 패브릭테이프 위에 레터링시트를 이용해 원하는 문구를 새긴다.
4 3을 원하는 모양으로 자른다.
5 4로 조화를 붙여 카드를 장식한다.

1

2

3

4

5

TIP

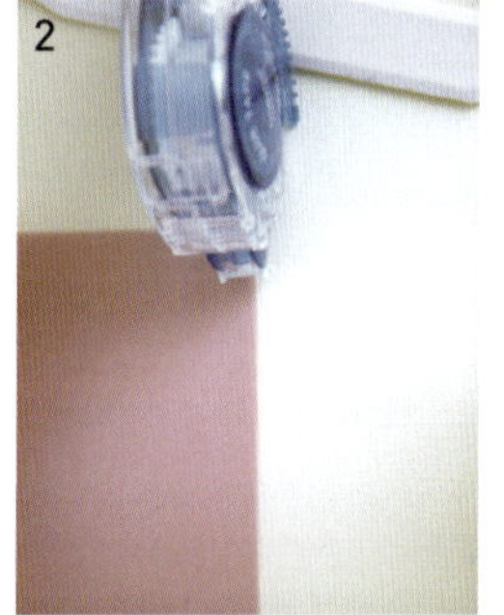

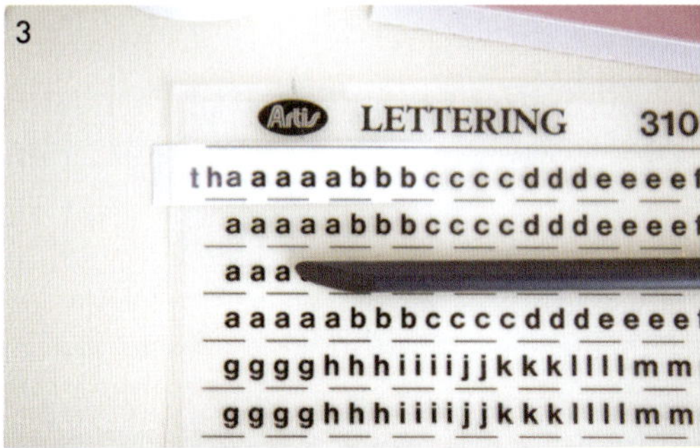

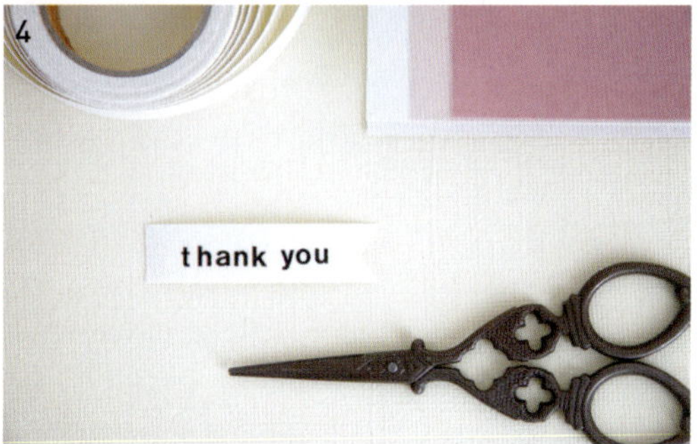

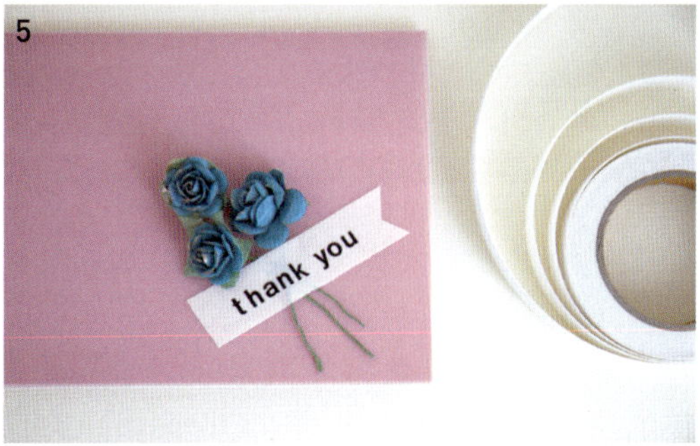

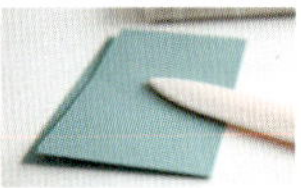

카드지 두께를 생각해서 트레싱지 세로 길이를 0.2cm 정도 크게 재단하면 좋다. 또 종이를 접을 때 종이폴더를 사용하면 종이에 더러움이 묻지 않고 깔끔하게 잘 접힌다.

생일 카드 만들기

아이가 돌 즈음에 입었던 옷을 정리하면서
너무 앙증맞은 단추를 발견했어요.
알록달록 가슴에 장식으로 달려 있는 단추를 보니
아이가 이 옷을 입었을 때가 생각나더라고요.
저는 아이가 못 입는 옷을 정리할 때 예쁜 단추를 모두 떼 둔답니다.
오늘은 이렇게 모은 단추를 이용해 생일 카드를 만들어 보려고 합니다.
돌아오는 아이 생일에 특별한 카드를 선물하려고요.

카드지(가로 10cm×세로
22cm) 1장, 레터링 스탬프,
스탬프용 잉크, 단추 3개,
펠트지 1장, 목공 본드, 가위

1 카드지를 반으로 접어 아래쪽에 레터링 스탬프를 찍는다.
2 펠트지를 왕관 모양으로 오린다.
3 2를 목공 본드로 붙인다.
4 목공 본드를 사용해 단추를 붙여 장식한다.

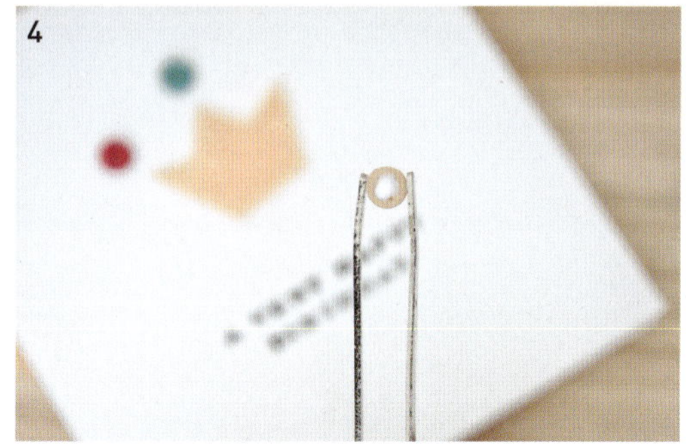

사탕 모양으로 손수건 포장하기

하루는 아이 친구 엄마에게 손수건을 빌리게 되었어요.
다음에 만날 때 깨끗이 빨아 돌려주려는데
작은 크기 때문에 딱히 담아 건넬 것이 없더라고요.
그래서 생각한 것이 달콤한 사탕 모양 포장입니다.
간단하고 작은 것이지만 고맙게 사용한 제 마음을 담아
주는 사람도 받는 사람도 모두 행복해진답니다.

READY

유산지(가로 12cm×세로 17cm) 1장, 데코실, 가위, 양면테이프

HOW TO MAKE

1 유산지를 반으로 접는다.

2 유산지의 가로 면과 세로 면에 양면테이프를 붙인다.

3 돌돌 말은 손수건을 2에 올리고 세로 면에 붙인 양면테이프 비닐을 벗긴다.

4 양면테이프가 붙어 있지 않은 쪽에서부터 유산지로 손수건을 돌돌 말아 양면테이프에 붙인다.

5 남아 있는 양면테이프의 비닐을 벗겨 납작하게 붙인다.

6 반대쪽을 데코실로 묶는다.

7 리본을 묶고 남은 유산지를 적당하게 자른다.

TIP

꼭 손수건이 아니어도 양말,
헌 옷 등 천으로 된 물건을
포장할 때 좋다.

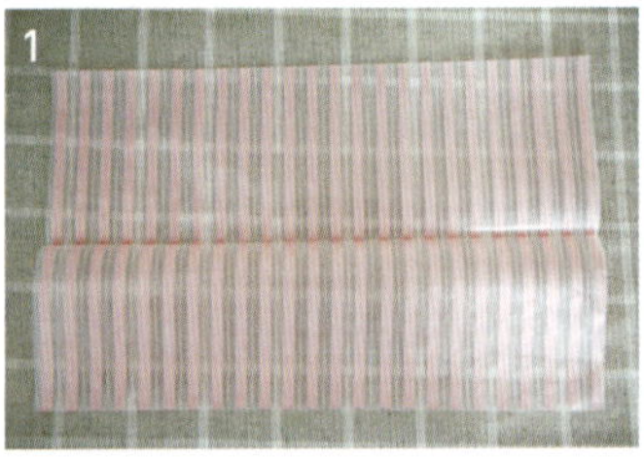

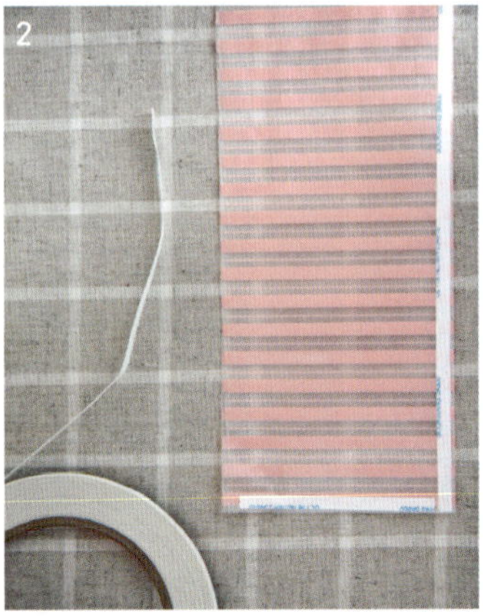

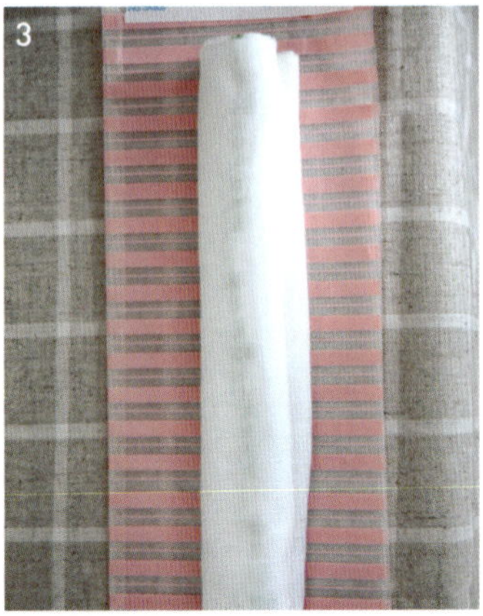

나만의 포장지 만들기

저희 친정 엄마는 가을이 되면 예쁜 단풍잎을 주워서
책갈피에 넣어 두셨다가 누군가에게 선물을 하실 때
장식으로 사용하시곤 했어요.
그래서 그런지 저도 길을 가다 예쁜 낙엽을 보면
절로 손이 가더라고요. 멋스럽게 구겨진 것,
곱게 물든 것 등 각양각색으로 제 나름의 멋이 있어
줍다 보면 어느새 주머니 한가득 담게 된답니다.

Once in a lifetime you meet
someone who changes Everything

낙엽, 데코실, 레이스, 악보,
크라프트지, 스캐너, 컴퓨터,
컬러 프린터, 펀치, 스탬프, 흰
종이

HOW TO MAKE

1 스캐너 창에 낙엽과 데코실, 레이스를 올린다.

2 1 위에 악보를 올리고 뚜껑을 닫아 스캔을 받는다(이때 밑에
  낙엽이 흐트러지지 않도록 살며시 뚜껑을 닫는다).

3 이미지 보정 프로그램에서 스캔받은 파일을 열고 오래된
  이미지 효과를 적용한다(이미지 보정 프로그램 사용법은
  97페이지 참조).

4 컬러 프린터에 크라프트지를 넣어 인쇄한다.

5 흰 종이에 스탬프를 찍는다.

6 펀치로 구멍을 내어 낙엽을 꽂아 장식한다.

1
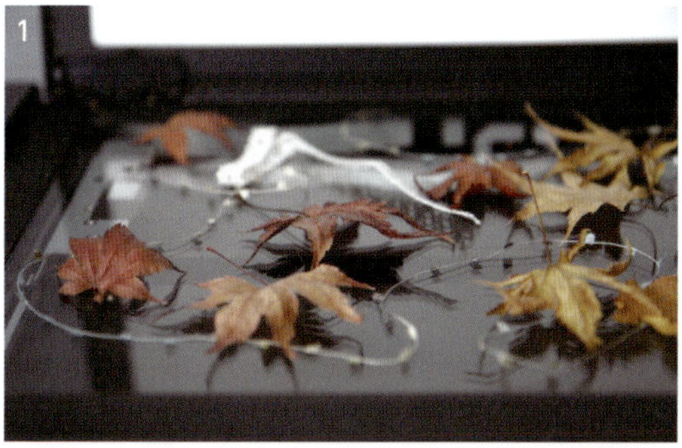

2
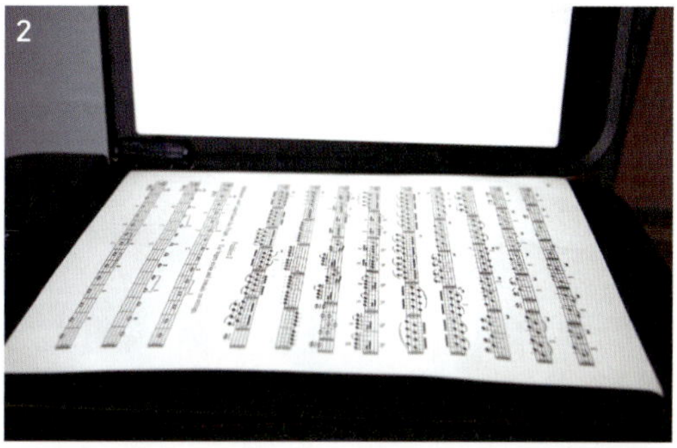

3
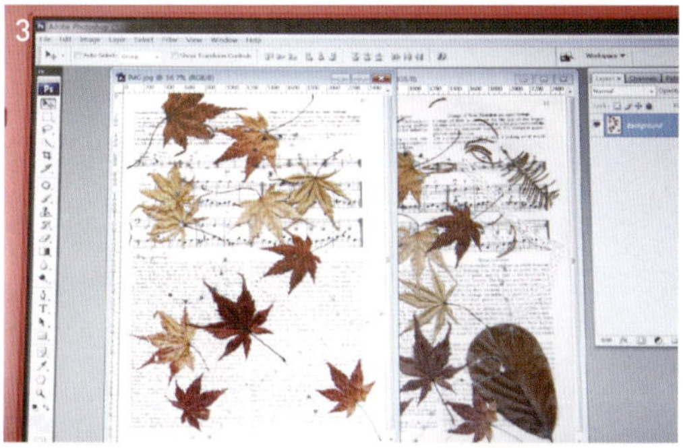

4
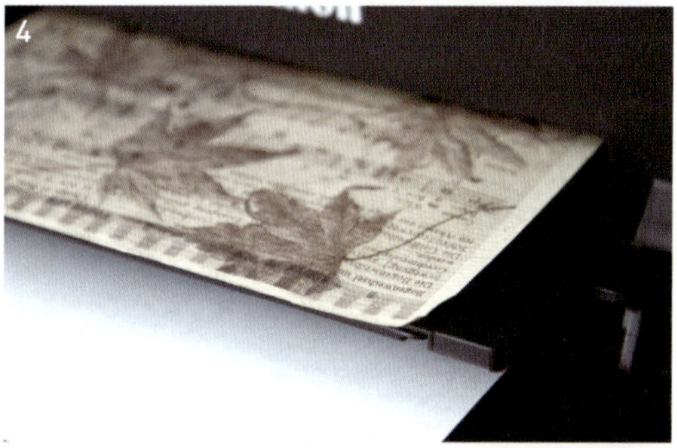

5
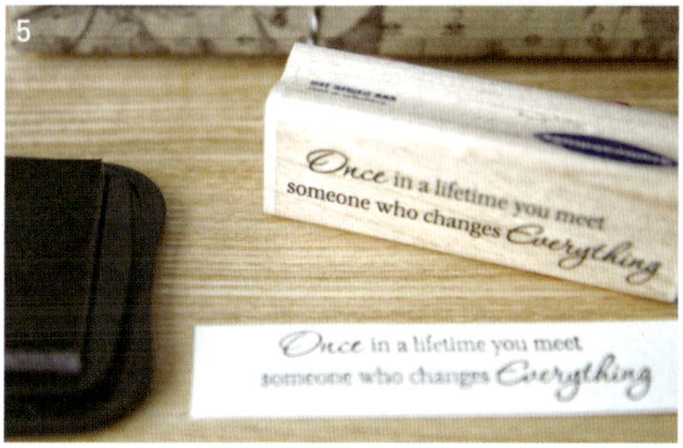

6
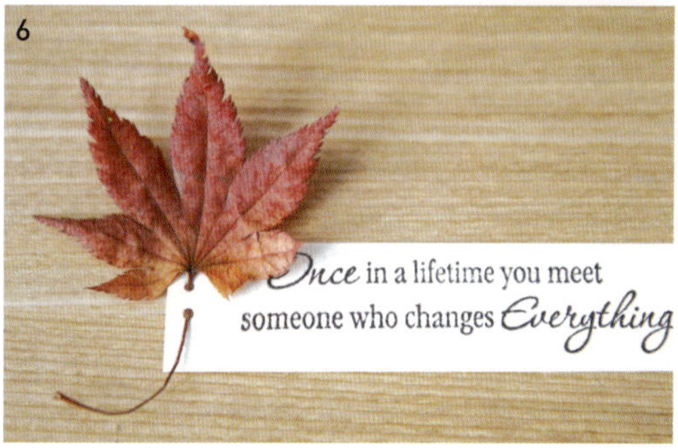

TIP

낙엽 포장지 위에 영문으로 된 종이를 덧대고 데코실과 진짜 낙엽으로 장식하면 더욱 멋진 포장이 된다.

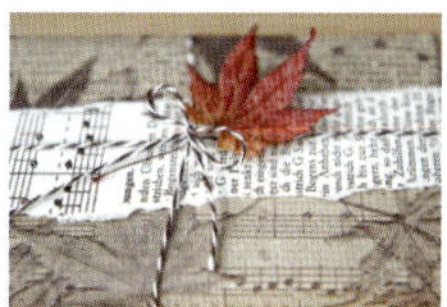

werden.
Die Griffwechselbewegung hat dabei gering zu sein, eine
Schleuderbewegung des Handgelenkes, die einen ungewoll-
ten Akzent zur Folge hätte, soll vermieden werden.

Ganzer   Whole
Bow   Bow

Lehrer.
Teacher.

3za

Handgelenkübunge

Die exercises
rend·red by d
being declined
same level a
stick. The
forearm ret
wrist until
Fingers are
while chan
held at sar
bow on D.
In the rev
retains be
point, is i
so as to r
stick.
The chang
tained du
bow from
intensifie
without t
and fore-
ingly.
When ch
ments ar
ching, b
finger, I
plished
but bowin
simpler. S
hold.
Change of strings over
of bow will, of course, d

plished without noise.
The movements are sm
cause unintentional acce

Wri

간단하게
나만의 이미지 만들기

비싸고 복잡한 유료 이미지 보정 프로그램이 아니어도 무료 프로그램으로 충분히 이미지 보정을 할 수 있어요. 여러 프로그램이 있지만 '포토스케이프'라는 프로그램을 추천합니다. 이 프로그램은 인터넷에서 검색하면 무료로 다운로드할 수 있어요.

인터넷에서 다운로드한 '포토스케이프' 프로그램을 실행한 후, 메뉴에서 '사진 편집'을 클릭한다.

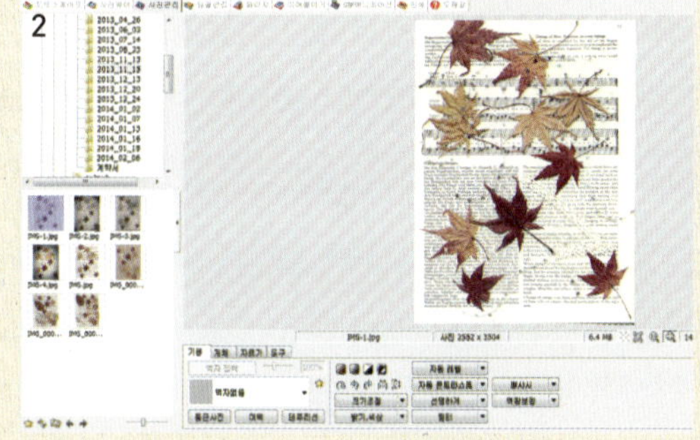

왼쪽 폴더 메뉴에서 원하는 이미지를 골라 연다.

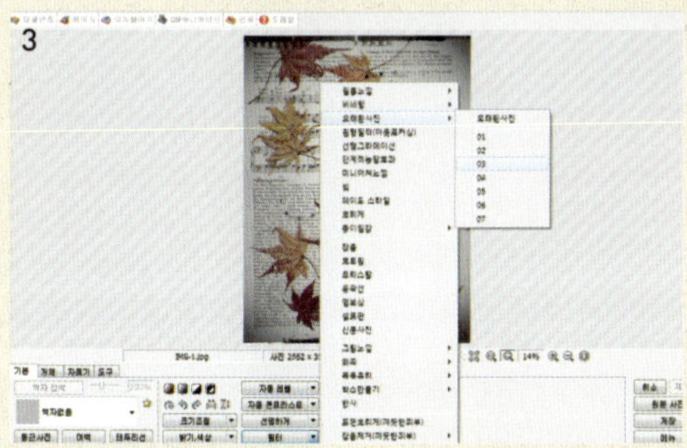

화면 하단 메뉴 중 '필터'를 클릭한 후, '오래된 이미지' 효과를 선택한다.

'오래된 이미지' 효과 외에도 사진의 밝기 보정, '미니어쳐느낌' '그림느낌' 효과 등 다양한 효과를 활용해 나만의 이미지를 만들 수 있다.

동전 초콜릿 포장하기

눈만 마주치면 초콜릿을 달라고 하는 아이.
배 속에 초콜릿 몬스터가 살고 있는 걸까요?
때론 밥보다 더 많이 먹는 것 같아 걱정이 되기도 하지만
엄마인 나도 이렇게 맛있는데 하는 생각에
하나씩 꺼내 주게 됩니다.
그런데 그거 아세요? 같은 초콜릿도
하나하나를 정성껏 포장해서 주면
예쁜 포장을 뜯는 게 아쉬워 아이가 아껴 먹는다는 사실을요.

READY

동전 모양 초콜릿, 색지,
잡지에서 오린 알파벳,
양면테이프, 원형펀치, 가위,
데코실

HOW TO MAKE

1 포장할 초콜릿보다 5mm 정도 크게 색지를 자른다(원형펀치를 사용하는
  것이 깔끔하다).
2 양면테이프로 초콜릿을 1의 가운데에 붙인다.
3 2의 둘레에 3~4mm 간격으로 가위집을 낸다.
4 초콜릿 둘레에 양면테이프를 붙인다.
5 가위집 낸 종이를 접어 올려 초콜릿 둘레를 감싼다.
6 5를 뒤집어 잡지에서 오린 알파벳 종이를 붙여 꾸민다.

TIP

포장한 초콜릿을 쌓아 리본이나
데코실로 묶어 주면 간단하지만
근사한 선물이 된다. 아이뿐 아니
라 밸런타인데이나 크리스마스에
남편에게 깜짝 선물을 해보자.

삼각 모양 포장하기

하루는 아이가 좋아하는 초코 쿠키를 먹다가
봉지를 달라고 하더군요.
그리고는 쿠키를 3개씩 봉지에 담기 시작했어요.
왜 그러는지 물으니 너무 맛있는 쿠키니깐
아빠와 친구들에게 나눠 주려 한다고 말했어요.
기특한 아이의 생각에 절로 미소가 지어졌답니다.

OPP봉지, 마스킹테이프,
데코실, 스티커

1 OPP봉지를 반으로 자른다.
2 1에 포장할 내용물을 넣는다.
3 비닐 입구를 밑변과 다른 방향으로 맞물려 마스킹테이프를
  붙이고 데코실로 꾸민다.
4 3에 준비한 스티커를 붙여 꾸민다.

TIP

늘 아이보다 뒷전이라고 투덜대는
남편 주머니 속에 쏙 넣어 두면
깜짝 선물이 된다.

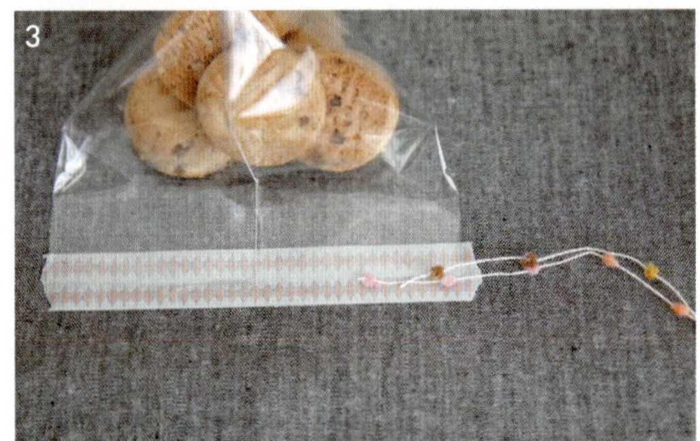

막대사탕 포장하기

아이와 함께 놀이동산에 갔다가
알록달록 귀여운 모양으로 포장한 막대사탕을 봤어요.
평소 사탕을 좋아하지 않던 아이도
예쁜 포장에 끌려 사달라고 조르더군요.
그런데 고작 포장 하나 했을 뿐인데
가격이 너무 비싸 사주기 아깝더라고요.
눈물까지 흘리며 조르는 아이를 데리고 돌아선 것이
너무 미안해 그날 저녁 아이에게 토끼 모양으로
포장한 사탕을 선물했어요.
그때까지도 삐쳐 있던 아이가
토끼 사탕을 보고는 어찌나 좋아하던지
포장을 뜯지도 않고 그대로 다음날 친구들에게 가져가
자랑까지 하더라고요.

HAPPY
BIRTHDAY!

READY

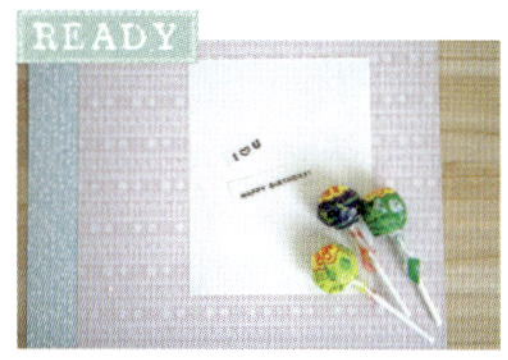

색지(가로 30cm ×세로 15cm),
막대사탕, 레터링시트, 흰 종이,
양면테이프, 펜, 가위

HOW TO MAKE

1 준비한 색지를 반으로 접고 토끼 모양을 그린다.
2 토끼 모양 대로 자른다(반을 접었으니 같은 모양이 2장 나온다).
3 색지 하나에 사탕을 놓고 토끼의 볼 부분에 양면테이프를 붙인다.
4 다른 색지를 포개어 붙인다.
5 흰 종이에 원하는 문구로 레터링시트를 붙이고 알맞게 잘라 꾸민다.

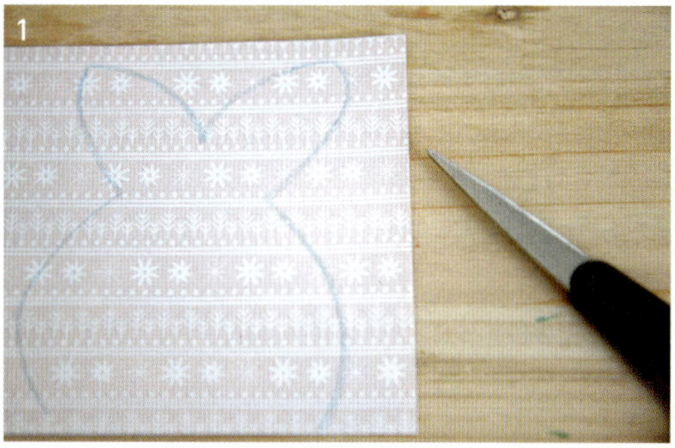

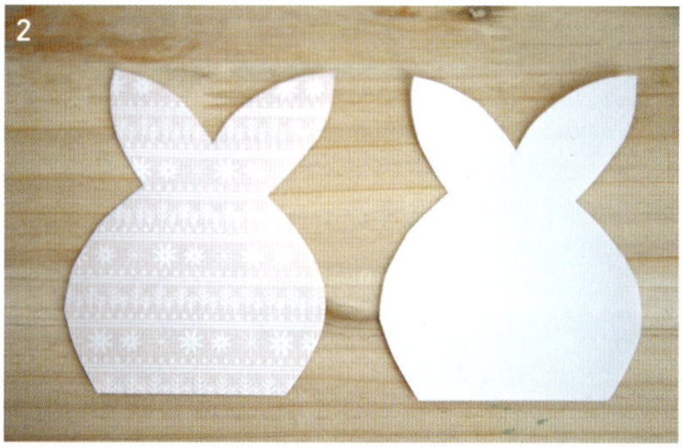

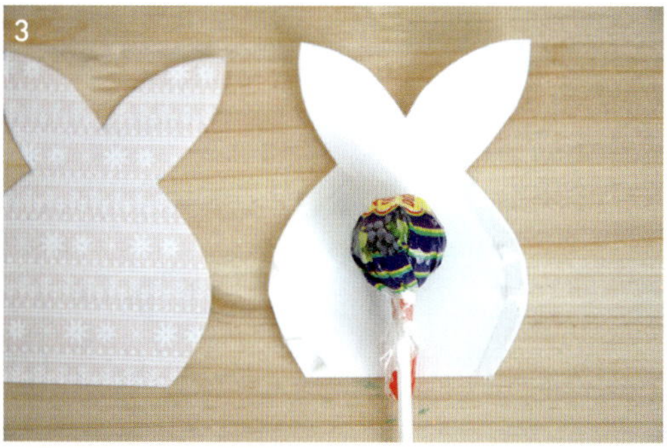

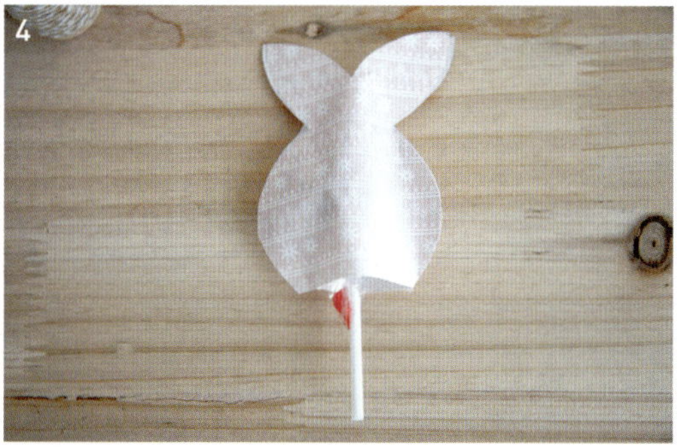

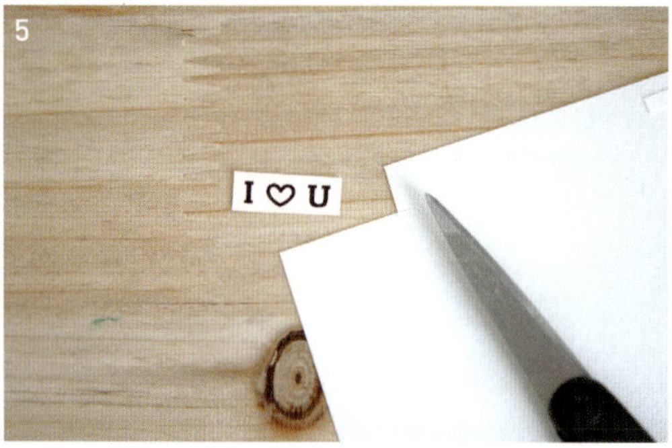

만화 캐릭터를 활용해도 좋다.

TIP

토끼 모양 대신 아이가 좋아하는
만화 캐릭터를 활용해도 좋다.

다용도 카드 만들기

커다란 플래그를 벽에 다는 것만으로도
즐거운 파티 분위기 물씬 납니다.
그래서 저는 각종 파티 때마다 플래그를 애용해요.
운동회 만국기처럼 보는 사람의 마음을
들뜨게 하는 플래그를 카드에 옮겨 보았어요.
직접 근사한 파티를 못해주지만
마음만은 플래그처럼 당신과 함께 신나게 펄럭입니다.

A VERY HAPPY
BIRTHDAY

READY

카드지(가로 10cm ×세로
22cm) 1장, 패턴지 2장,
4가지 색의 색지, 모양 가위,
가위, 털실, 스탬프, 잉크,
양면테이프, 폼테이프

HOW TO MAKE

1 준비한 카드지를 반으로 접은 뒤 모양 가위로 패턴지를 잘라 카드 상단에
  붙인다.

2 색지를 가로 1.5cm, 세로 4cm 크기로 잘라 반으로 접은 뒤 세모꼴로
  자른다.

3 2의 안쪽에 양면테이프를 붙인다.

4 털실로 3을 꿰어 미니 플래그를 만든다.

5 4 뒷면에 폼테이프를 붙인다.

6 만들어 둔 카드에 5를 자연스러운 모양으로 붙인다.

7 케이크, 나무, 꽃 등 상황에 맞게 종이 혹은 스탬프로 꾸민다.

룰렛을 사용해 종이에 음각을
주면 좀 더 아기자기한 느낌이
난다.

5

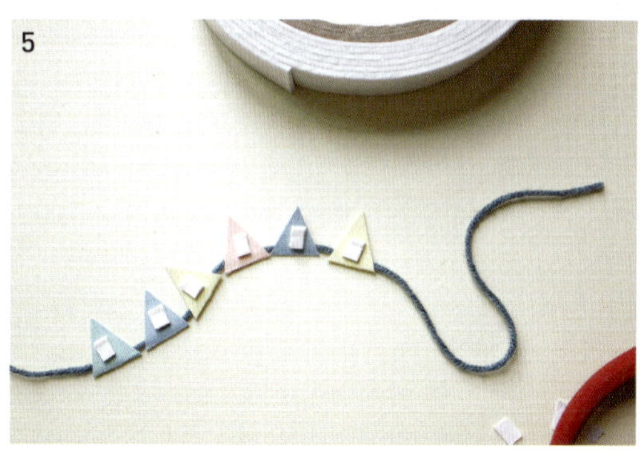

6

7

답례 선물 포장하기

잔치에 온 손님이 돌아갈 때 맛있는 잔치 음식을 싸주는 것이
예부터 우리 정이었지요. 아이들을 초대한 후에는 사탕이나
초콜릿 등이 남는 경우가 많이 있어요. 포장이 되어 있지만 그냥 비닐에 싸주자니
모양이 좋지 않아 생각한 포장법입니다. 남은 음식을 포장해 주는 것이지만
작은 선물을 하나씩 받아 돌아가는 아이들은 대단한 선물이라도 받은 듯 즐거워한답니다.

휴지심, 패턴지, 양면테이프,
데코실

1 휴지심을 납작하게 눌러 패턴지로 감싸 붙인다.
2 한쪽 구멍을 안쪽으로 접어 막는다.
3 내용물을 넣고 남은 구멍을 2와 같이 막는다.
4 데코실로 둘러 묶는다.

INTERIOR

인테리어

내 아이가 자라는 공간만큼은
꼭 최고로 만들어 주고 싶습니다.
그래서 오늘도 땀을 흘리며 아이 방을 꾸밉니다.
친환경페인트로 벽을 칠하고
가구를 나무 소재로 바꾸고
플라스틱이나 비닐로 만들어진 공산품보다
종이, 나무, 천을 이용해 엄마가 직접 만든
인테리어 소품으로 방을 채웁니다.
유난스럽다고 말하는 사람도 있지만
내 아이가 더 건강해지고
더 행복해질 수 있다면 무슨 상관인가요.
아이가 마무리가 끝난 방을 보며 예쁘다고
폴짝폴짝 뛰어다닙니다.
그 모습이 너무 예뻐 그저 행복한 엄마입니다.

아이 방 문패 만들기

어린이집을 다니는 아이의 물건에 하나하나 이름표를
달아 주었어요. 아이가 자기 물건에 이름을 적는 것을
참 좋아하더라고요. 자기 것이라는 생각에
주인 의식도 들고 스스로 특별한 사람이란 기분이 드나 봅니다.
그래서 아이가 매일 오가는 아이 방에도
문패를 만들어 주기로 했어요. 매일 자신의 이름이 적혀 있는 방문을 보며
스스로 특별한 아이라는 느낌이 들길 바라면서요.

나무막대 10개, 마커,
우드이니셜, 단추, 데코실,
목공 본드, 양면테이프

1 나무막대에 마커로 원하는 색을 칠한다.
2 기둥으로 만들 2개의 나무막대에 양면테이프를 사용하여 고리를
  고정시킨다.
3 양쪽 기둥에 양면테이프를 붙이고 나무막대를 가로로 붙인다.
4 목공 본드로 단추를 붙여 꾸민다.
5 목공 본드로 우드이니셜을 붙인다.

데커레이션으로 단추 대신 그림을
그려 넣거나 사진을 붙여도 좋다.

첫 번째
발자국으로
액자 꾸미기

첫 아이가 태어나고 아이를 위해 무엇이든 하고 싶어서 탯줄 도장도 만들고,
아기 손발 액자도 만들었던 기억이 있어요.
근데 둘째 때는 시간이 없다는 핑계로 이것저것 자꾸만 놓치게 됩니다.
어느 날 아이들 방을 보니 온통 첫째 관련 물건만 가득하더라고요.
똑같이 사랑하는 내 아이인데, 부랴부랴 산모수첩을 찾아
첫 번째 발자국을 담은 작은 액자를 만들어 봅니다.
엄마가 미안, 늘 건강하게 자라줘서 고마워.

액자 틀, 아기발도장,
패브릭스티커, 가위,
하드크라프트지, 양면테이프

HOW TO MAKE

1 패브릭스티커를 직사각형 모양으로 자른다.

2 1을 준비한 액자에 붙인다.

3 하드크라프트지를 액자 틀에 맞게 자른다.

4 3의 테두리에 양면테이프를 붙이고 아기발도장을 오려 가운데에 붙인다.

5 4를 액자 틀에 붙이고 하드크라프트지를 작게 잘라 아이 생일을 스탬프로
　찍어 꾸민다.

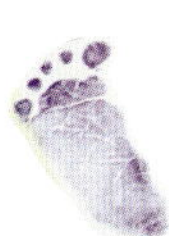

액자에 발도장뿐 아니라 사진 등
기념이 되는 이미지를 넣고 그에
맞는 날짜를 적어도 좋다.

꽃비 원형 갈런드 만들기

첫아이 출산 준비를 할 때, 아이 방을 어떻게 꾸밀지 고민하면서
잡지와 인터넷에서 예쁜 인테리어 사진들을 모았어요.
그러다가 한참 시선을 멈추고 보던 사진 한 장.
햇살이 들어오는 창가에 아이 침대가 있고 그 위에
하늘에서 내리는 꽃비처럼 동글동글 매달려 있던 장식들.
너무 예쁜 모양에 반해 아이가 태어나기도 전에 꼼지락꼼지락 솜씨를 발휘했어요.
잠자는 아이에게 살포시 꽃잎이 내려앉는 모습을 상상하며….

READY

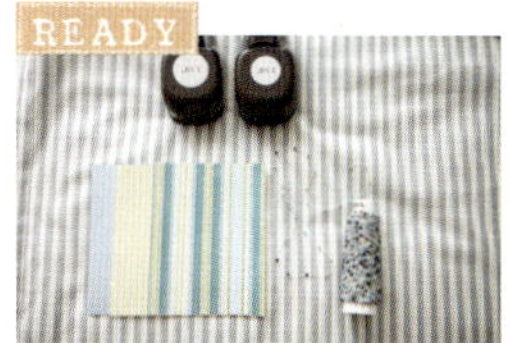

원형펀치, 두 종류의 패턴지,
데코실, 가위

HOW TO MAKE

1 원형펀치로 두 종류의 패턴지를 모두 같은 크기로 자른다(1m 기준으로 24개 정도 필요).
2 24장의 원에 모두 가위집을 낸다.
3 데코실에 원 하나를 끼운다.
4 다른 무늬 종이를 **3**에 열십자(+)로 서로 엇갈려 끼운다.
5 약 10cm 간격으로 **3**, **4**를 반복한다.

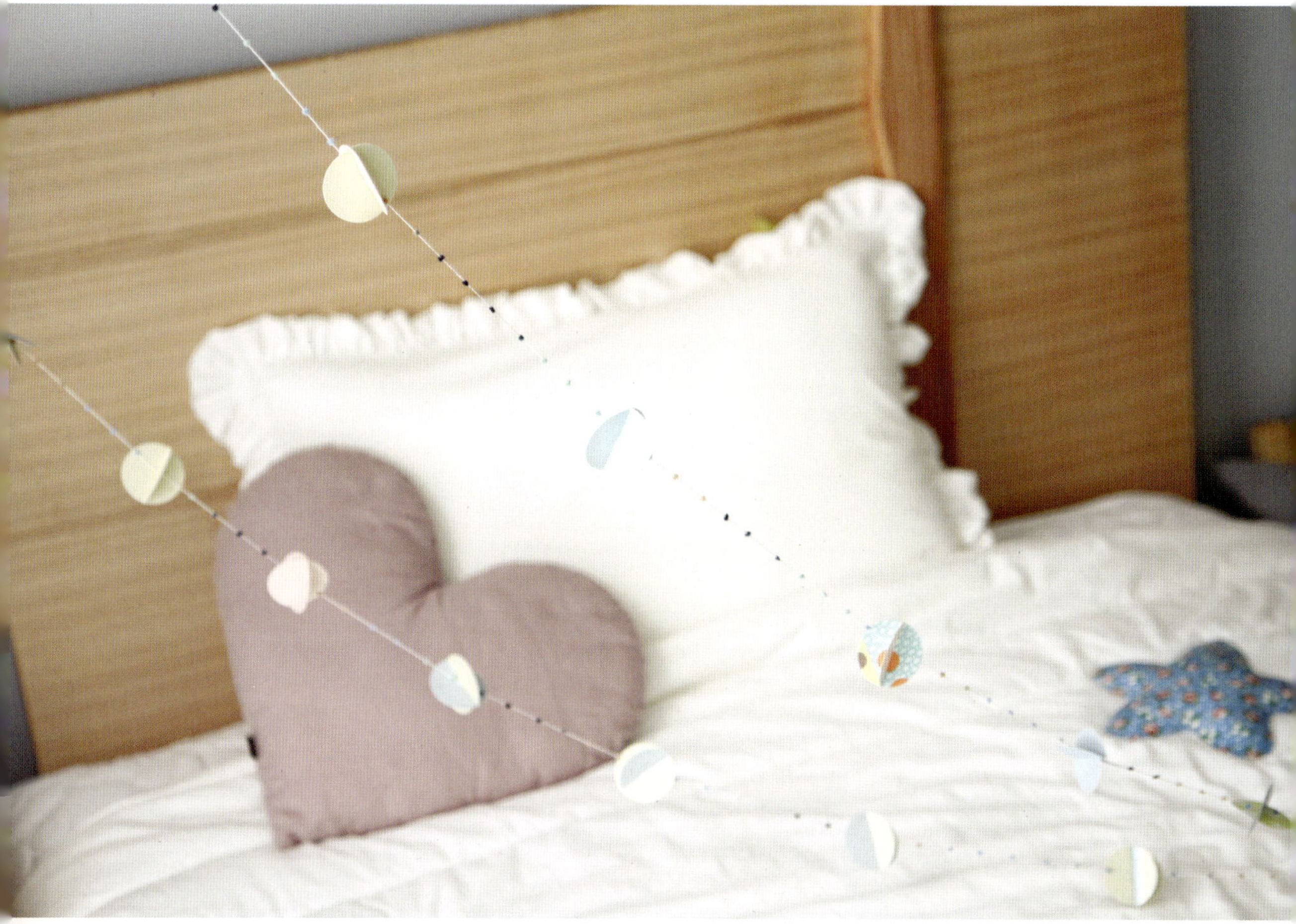

동글동글 원리스 액자 만들기

보통 꽃이나 레이스로 꾸미는 원리스를
패브릭테이프로 감아 만들어 인테리어로 활용하곤 했어요.
그때는 그렇게 깔끔한 원리스가 멋져 보였는데 아이들이 태어나니
달라지네요. 원리스 가운데에 아이들 사진을 넣어 액자를 만들었습니다.
액자로 만들고 보니 첫째, 둘째가 서로 참 닮았네요.
이제 무엇이든 아이의 사진으로 꾸미는 것이 가장 예뻐 보입니다.
이것이 엄마의 마음이겠죠?

원걸이 1개, 원리스틀 1개,
패브릭스티커, 패브릭테이프,
사진, 폼테이프

HOW TO MAKE

1 패브릭스티커 뒷면에 원걸이를 대고 그린다.

2 1보다 0.5cm 정도 크게 오린다.

3 원걸이에 2를 붙이고 테두리의 여유분에 가위집을 낸다.

4 원걸이 둘레에 패브릭스티커를 깔끔하게 붙인다.

5 완성된 원걸이에 준비한 사진과 장식을 폼테이프로 붙인다.

6 패브릭테이프로 원리스틀 전체에 틈이 보이지 않도록 꼼꼼히 감는다.

7 6 속에 원걸이를 넣어 걸면 완성이다.

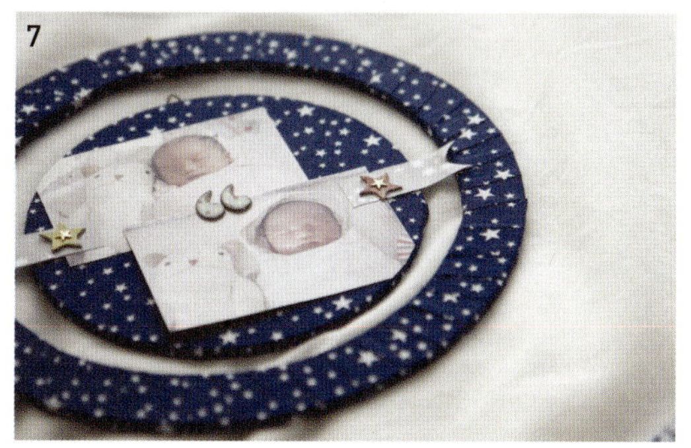

1. 원걸이와 원리스틀을 꼭 같은
   무늬로 작업하지 않아도 된다.
2. 엄마 아빠의 어릴 적 사진을 함
   께 붙여 꾸며 보자. 재미있는 가
   족 성장 액자가 된다.

삼각 플래그 만들기

엄마는 늘 아이가 즐겁고 행복한 일만 가득하길 바랍니다.
햇살처럼 눈부시게 웃는 아이의 얼굴을 보는 것이
세상에서 가장 큰 기쁨이죠. 이런 마음을 담아
아이 방 한 켠에 생일 때 사용했던 삼각 플래그를 달아 보았어요.
아이가 플래그를 보며, 행복했던 그때를 기억하기 바라는 마음에서요.

READY

패턴지(가로 10cm×세로
28cm) 8장, 데코실,
양면테이프, 레이스, 자, 칼

HOW TO MAKE

1 준비한 패턴지를 모두 가로 방향으로 반 접는다.

2 1의 벌어진 쪽 가운데를 중심으로 세모꼴이 되도록 양쪽을 자른다.

3 2를 열어 안쪽에 데코실을 넣고 양면테이프로 붙인다.

4 위와 같은 방법으로 준비한 다른 패턴지를 모두 세모꼴로 자르고 데코실로
  펜다.

5 데코실로 연결된 부분에 양면테이프로 레이스를 붙여 장식한다.

레이스를 붙이면 장식 효과 외에
도 삼각형이 각각 떨어지지 않고
일렬로 모양이 유지된다.

나무 장식 만들기

공원을 산책하다 근사한 나뭇가지를 주웠어요.
나무 색이며 모양이 유독 마음에 들어 분명
무엇으로든 쓸 수 있을 거란 생각이 들어 집에 가져왔죠.
일단 식탁 위에 두고 어떻게 쓸까 생각하는데,
"엄마, 이거 봐 예쁘지?"라는 소리가 들리는 거에요.
돌아보니 아이가 나뭇가지에 휴지를 쭉쭉 찢어 장식을 하고 있더라고요.
자연스럽게 찢어진 종이 느낌과 나무 색이 너무 잘 어울려
마치 의도된 미술 작품 같아 보였어요. 멋진 작품을 만든 아이를 칭찬하며
나뭇가지를 아이 방 인테리어 장식으로 사용해 보았어요.

나뭇가지, 방수 원단(가로
50cm×세로 50cm) 1장,
데코실, 가위

HOW TO MAKE

1 나뭇가지 양쪽을 실로 묶어 벽에 매단다.
2 방수 원단을 가로로 두 번 접어 4겹으로 만든
　후, 약 2cm 간격으로 자른다.
3 2를 잘 펴서 데코실과 함께 나뭇가지에 건다.

1 장식은 신문지나 안 입는 티셔
　츠를 사용해도 좋다.
2 장식의 길이가 짧은 경우 끝을
　모아 끈으로 묶어 나뭇가지에
　고정시킨다.

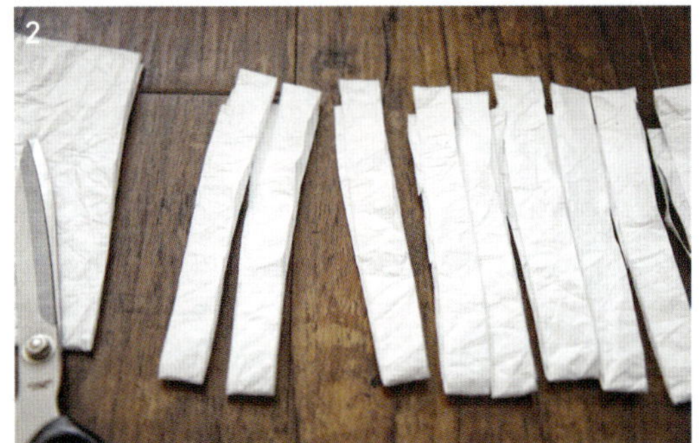

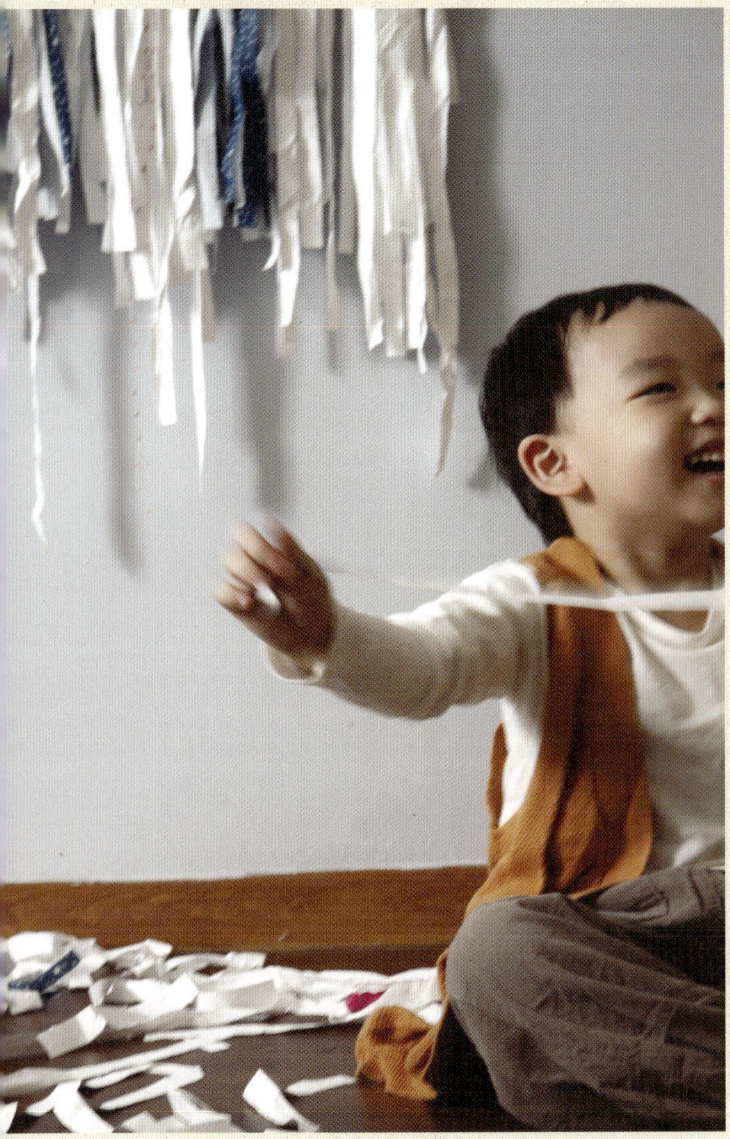

PLUS PAGE

신나는 빨래 놀이

READY

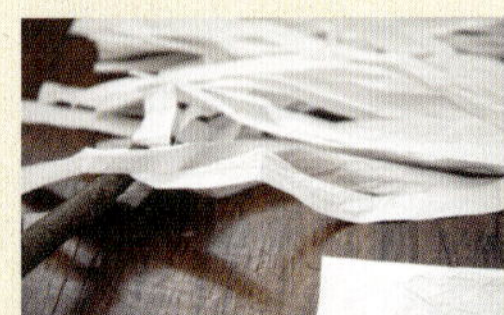

잘 구겨지는 종이

HOW TO MAKE

1 아이에게 종이를 찢고 자르게 한다.
2 바닥에 놓고 이불 빨래라고 하며 마구 밟아 자연스럽게 구긴다.
3 2를 빨래 널듯 나뭇가지에 걸친다.

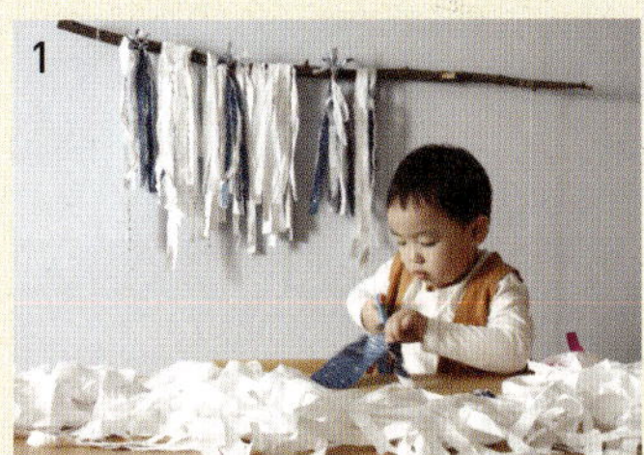

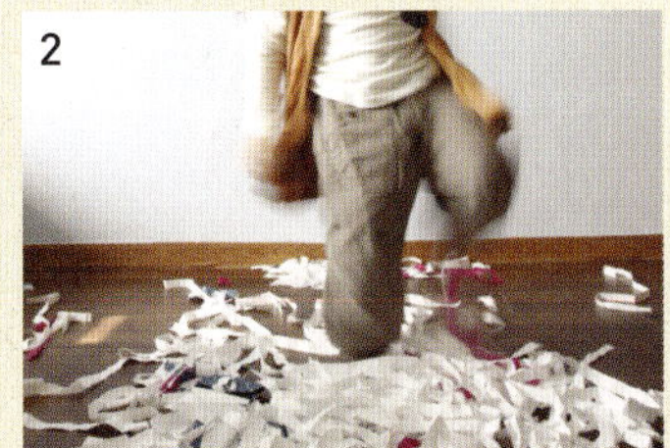

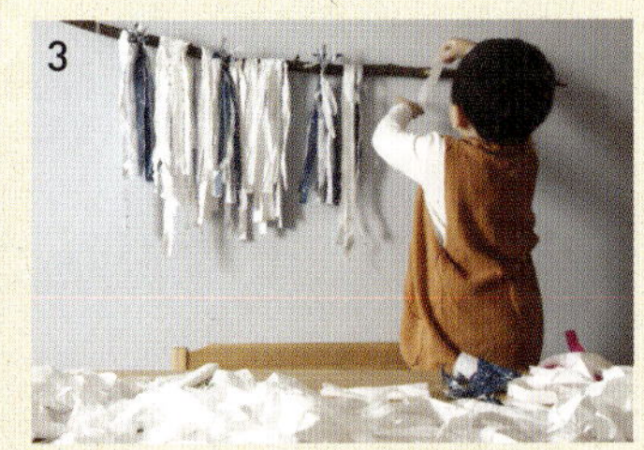

하트 모빌 만들기

아이 방을 꾸미다 보면 창문 옆 공간이나 가구 사이 등
꼭 한구석은 썰렁한 부분이 생기게 되어요.
폭은 좁고 길이는 긴 이 애매한 공간이 거슬린다면 길이, 폭 조정이 모두 가능한
모빌을 걸어 보세요. 이왕이면 엄마의 사랑을 가득 담아
하트가 둥둥 떠다니는 하트 모빌을 만들어 보면 어떨까요?

READY

색지(가로 2cm×세로 10cm),
데코실, 양면테이프

HOW TO MAKE

1 준비한 색지 두 장에 양면테이프를 각각 위와 아래에 붙인다.
2 1중 한 장의 양면테이프 비닐을 떼고 데코실을 붙인다.
3 남은 색지의 양면테이프가 붙어 있지 않은 쪽을 2에 포개 붙인다.
4 남은 양면테이프 비닐을 떼고 윗부분을 뒤쪽으로 동그랗게 말고 뒤쪽
　종이도 앞쪽으로 동그랗게 말아 붙여 하트 모양을 만든다.

세계지도
벽 인테리어

아이가 우리나라 외에 다른 나라가 있다는 것에 관심을 갖고
지도가 보일 때마다 우리 집은 어디냐고 묻는 것을 보고
아이 방에 세계지도를 붙여 주기로 했어요.
그냥 종이로 된 지도는 잘 찢어지고 색도 쉽게 바래서
나무 소재 세계지도로 꾸미기로 했습니다.
정교한 모양새와 색감이 너무 예뻐서
지리 공부는 물론 인테리어로도 딱이에요.
하루 종일 고생은 했지만 완성된 지도 앞에서 떠날 줄 모르는
아이를 보고 있으니 피로가 말끔하게 사라집니다.

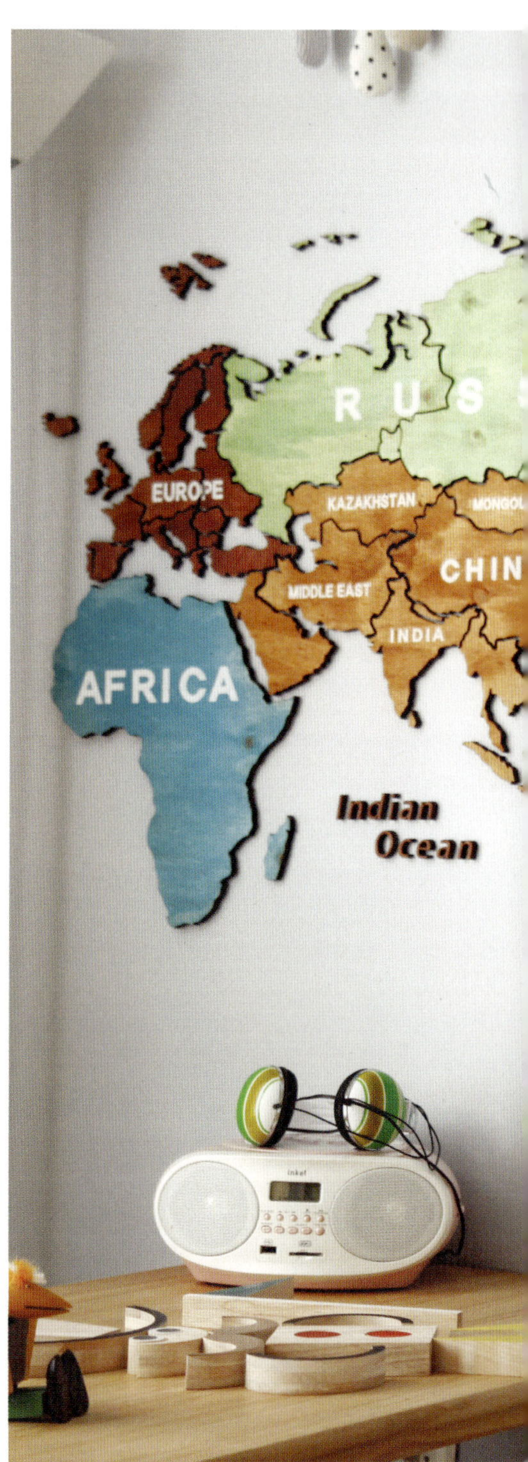

Arctic Ocean
GREEN LAND
CANADA
UNITED STATES OF AMERICA
Atlantic Ocean
Pacific Ocean
SOUTH AMERICA
Southern Ocean

그래픽 세계지도,
나무 세계지도 블록, 필름지,
실리콘, 양면테이프, 밀대

HOW TO MAKE

1 그래픽 세계지도 위에 필름지를 올리고 밀대를 사용해 꼼꼼하게 붙인다.
2 지도를 모두 필름지에 옮겨 붙인 후 원래 그래픽 세계지도가 있던 흰 종이를
  떼어 낸다.
3 지도가 있는 필름지를 벽에 붙인다. 이때 모서리에 있는 세모를 이용해
  그림의 수평을 맞춘다.
4 벽에 지도가 옮겨 붙을 수 있도록 밀대로 꼼꼼히 붙이며 필름지를 뗀다.
5 실리콘을 이용해 그래픽 모양에 따라 나무 세계지도 블록을 붙인다.

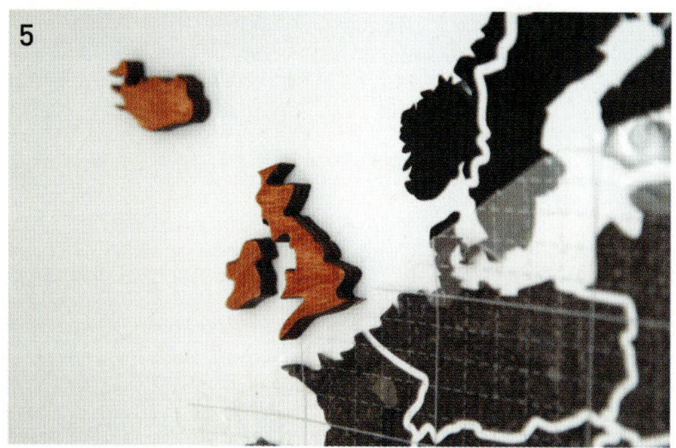

TIP

1 콘크리트 벽에는 필름지가 잘 붙지 않으니 가급적 벽지에 시공한다.
2 실리콘은 굳기까지 시간이 걸리므로 크기가 큰 블록은 양면테이프를 함께 사용한다.

3 이사를 할 예정이라면 아크릴 판 위에 지도를 붙이면 나중에 벽에서 쉽게 뗄 수 있다.

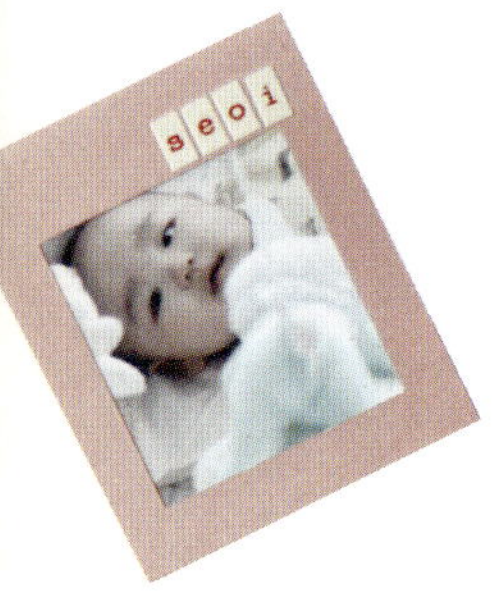

포토월 만들기

"엄마, 내가 그렸어요."
어린이집에서 돌아온 아이가
알록달록 색을 칠한 그림을 펼쳐 보여 주며 말합니다.
선을 넘지도 않고 얌전하게 잘도 칠한 그림을
보고 있자니 괜스레 마음이 짠합니다.
세상에 엄마 품밖에 없는 듯
내 품에서 떠나지 않던 때가 엊그제 같은데
어느새 걷고 말하고 이렇게 멋지게 그림까지 그리다니….
갑자기 아이의 성장을 한눈에 볼 수 있도록
사진으로 벽을 꾸며 보고 싶어졌어요.
한쪽에 정리하지 못하고 쌓아 놓은
사진을 뒤져 벽을 꾸며 보았습니다.

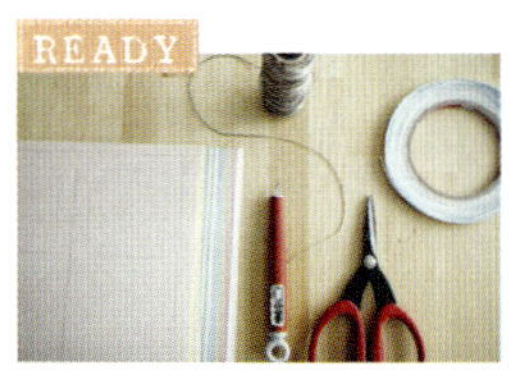

READY

사진, 색지, 양면테이프, 가위,
칼, 데코실

HOW TO MAKE

1 색지에 포토프레임 도안(별첨 도안지 참조)을 그리고 그대로 자른다.
2 1을 반으로 접고 구멍이 뚫린 쪽 가장자리에 양면테이프를 붙인다.
3 포토프레임을 반으로 접은 크기보다 조금 작게 사진을 자른다.
4 사진 뒷면에 양면테이프를 붙인다.
5 데코실에 포토프레임을 건다.
6 양면테이프 비닐을 벗겨 포토프레임을 붙인다.

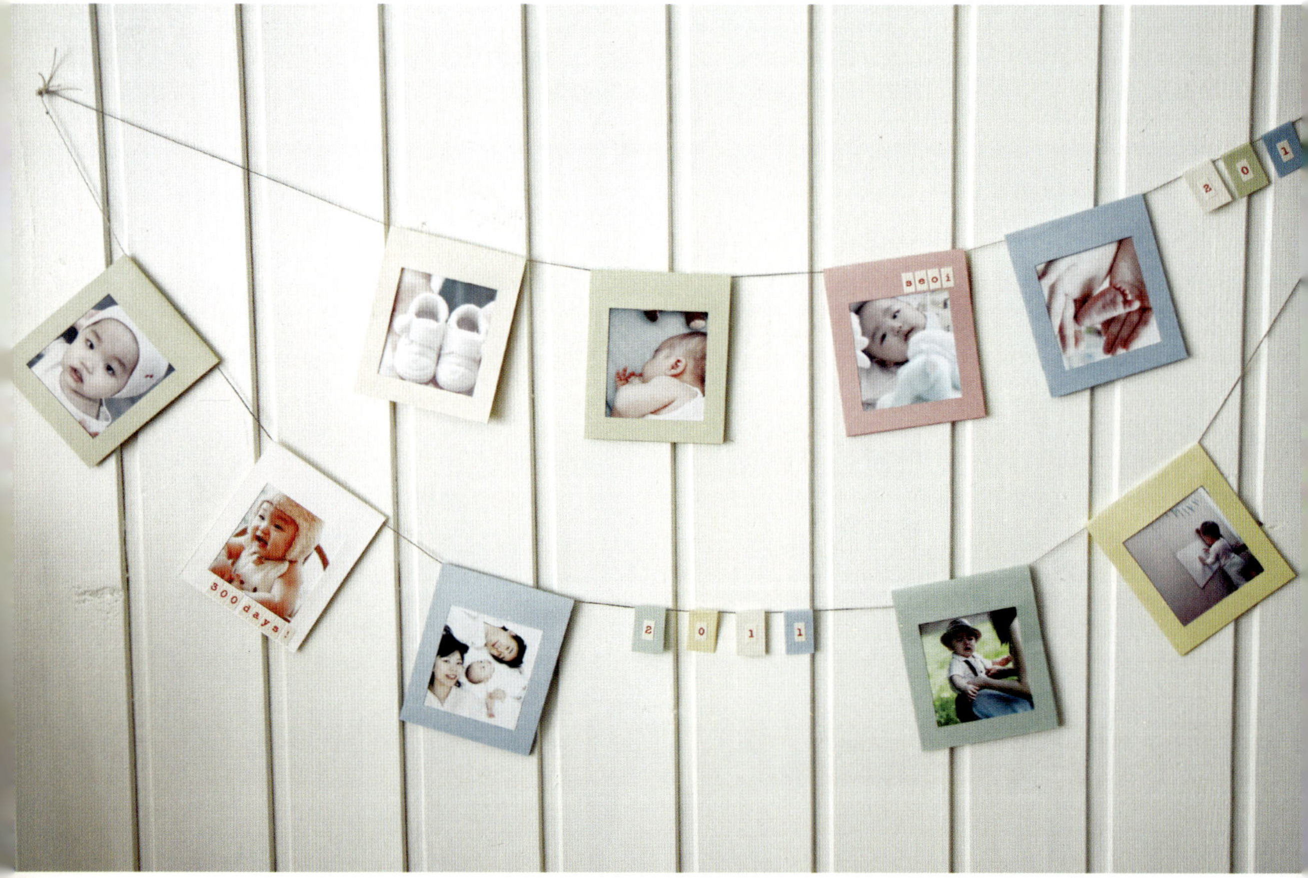

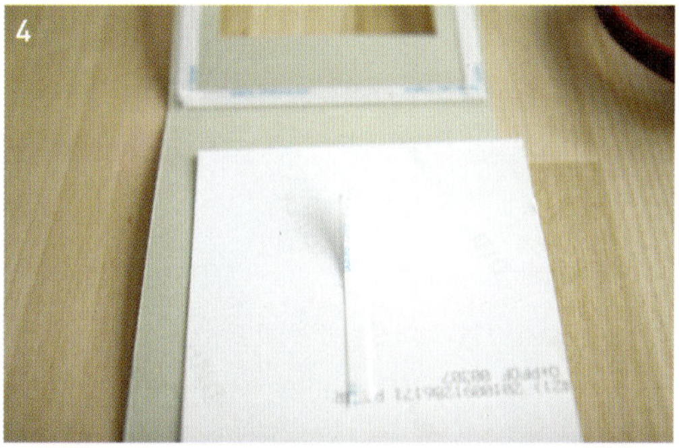

TIP

아이가 태어난 날이나 사진 찍은 날을 미니 플래그로 만들어 함께 걸어보자.

크리스마스트리 만들기

12월이 되니 멋진 크리스마스트리로 아이 방 한 켠을 장식하고 싶지만
좁은 방에 트리를 놓을 자리가 마땅치 않아요.
그렇다고 크리스마스트리를 포기할 수 없어 고민 끝에 마스킹테이프로
벽에 크리스마스트리를 만들었어요.
오너먼트는 사랑스러운 아이들의 사진입니다.
반짝거리는 화려한 조명 장식은 없지만 아이들의 사진 덕분에
엄마에게는 세상에서 가장 반짝이는 완벽한 크리스마스트리입니다.

three

Pronunciation: (thrē)

READY

마스킹테이프, 사진, 솜방울,
데코실, 양면테이프

HOW TO MAKE

1 여러 가지 마스킹테이프로 벽에 트리 모양을 만든다.
2 데코실을 이용해 장식한다.
3 데코실 끝에 아이 사진을 붙인다.
4 중간 중간에 양면테이프로 솜방울을 붙여 꾸민다.

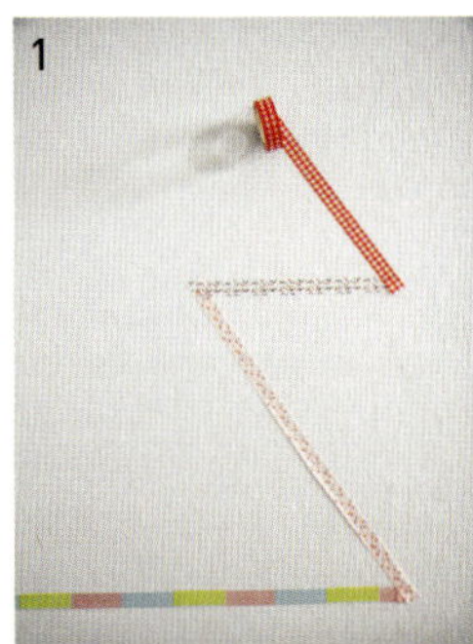

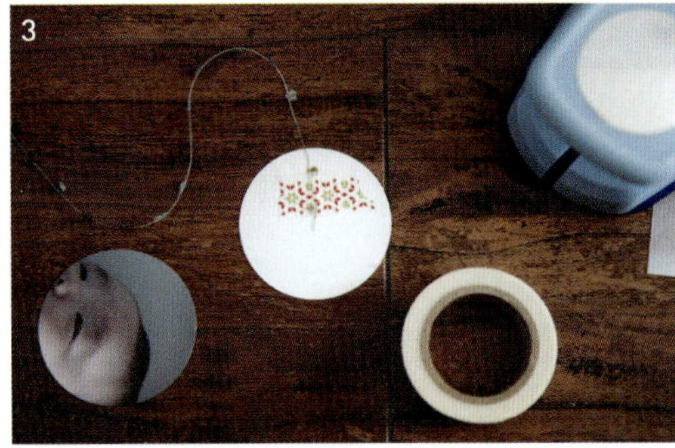

TIP

마스킹테이프는 2~3번 정도 떼었다 붙여도 깨끗하게 떨어지고 다시 잘 붙는 성질이 있으니 먼저 트리 모양을 완성하고 데코실을 달 위치를 구상하자.

크리스마스 오너먼트 만들기

READY

지끈 볼, 가위, 색지, 데코실,
목공 본드

HOW TO MAKE

1 지끈 볼에 데코실을 꿴다.
2 눈꽃 모양으로 색지를 잘라 1에 붙인다.

TIP

1 지끈 볼로 크리스마스 파
티 테이블을 장식해도 좋다.
2 지끈 볼에 빨간색 솜방울
을 넣으면 크리스마스 분
위기가 더욱 산다.

아이 방 페인팅하기

여자 아이들이 핑크를 좋아하듯
남자 아이들은 파랑을 좋아하지요.
아기 꿀벌처럼 귀여운 노란색 바지를 입히려 하니
아이가 여자색이라며 싫어합니다.
어릴 때는 입혀 주는 대로 입더니 어느새 자라
여자 색, 남자 색을 따지네요.
물건을 살 때도 남자니깐 파란 색만 고르는
아이를 위해 아이 방도 푸른빛으로 물들여 봅니다.
색칠 놀이하듯 친환경페인트로 쓱싹쓱싹.
완성된 방을 보고 아이가 탄성을 지르네요.

벽 페인팅하기

벽지 전용 친환경페인트,
붓, 롤러, 커버링테이프,
마스킹테이프, 트레이, 비닐

HOW TO MAKE

1 시공할 벽면 주위와 콘센트에 커버링테이프를 붙이고 바닥에 비닐을 깐다.
2 커버링테이프를 붙인 주위부터 페인트를 칠한다.
3 벽 전체에 페인트를 칠한 후 2~3시간 정도 말린다(여름같이 날이 습할
  때에는 반나절 정도 충분히 말린다). 2~3회 페인트를 덧칠한다.

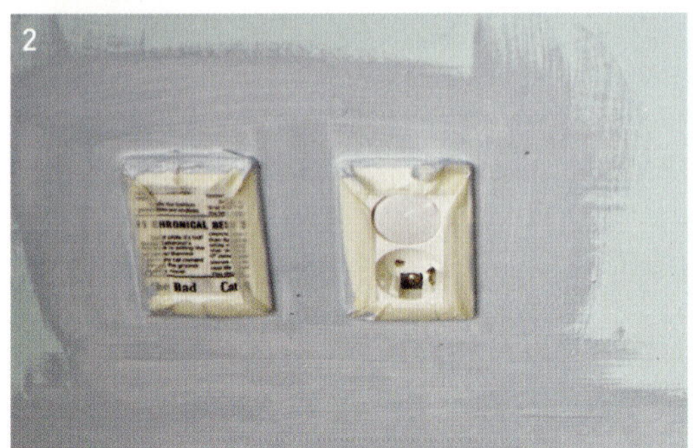

TIP

1 가장자리나 좁은 면적은 붓으로, 넓은 면적은 롤러를 사용하면 좀 더 빠르게 시공할 수 있다. 롤러로 칠할 때 사용하는 트레이는 비닐을 씌워 사용하면 트레이를 닦는 번거로움을 줄일 수 있다.

2 벽지 전용 페인트를 사용하면 벽지 위에 그대로 페인트를 칠할 수 있다.
3 페인트는 침전물이 생길 수 있으니 사용 전에 나무젓가락 등으로 내용물을 저은 후 사용해야 페인트 색상이 처음부터 끝까지 고르게 표현된다.

창틀 페인팅하기

리폼 전용 페인트,
젯소, 페인트 전용 붓,
마스킹테이프, 트레이, 비닐

1 시공할 창틀의 테두리와 유리 면에 마스킹테이프를 꼼꼼히 붙인다.

2 1차로 젯소를 바르고 1~2시간 정도 말린 후 2차로 한 번 더 칠한다.

3 젯소가 충분히 마르면 페인트를 칠하고 2~3시간 정도 말린다(여름같이 날이 습할 때에는 반나절 정도 충분히 말린다).

4 잘 마른 창틀에 2차로 페인트를 덧칠한다.

1 젯소는 페인트가 표면에 잘 달라붙고 바탕색이 보이지 않게 해 페인트 색이 제대로 표현되게 한다.

2 페인트를 덧칠할수록 바탕색이 보이지 않아 깨끗하다. 다만 3회 이상 덧칠할 경우 페인트가 뭉칠 수 있으니 주의한다.

3 붓 자국이 심하게 보일 때는 사포로 살살 문지르면 매끈해진다. 사포질을 할 때 너무 힘을 주면 페인트가 벗겨지므로 주의한다.

루바 벽 만들기

따스함이 느껴지는 다락방을 꿈꾸던 어린 시절이 있었어요.
사다리를 타고 올라가면 나지막한 천장에
사방은 따뜻한 나무로 되어 있고
한쪽 벽면을 가득 채운 창문에서는
햇살이 가득 들어오는 그런 방이죠.
창틀에 턱을 괴고 따뜻한 햇살을 만끽하며
기분 좋은 상상을 할 수 있는 방.
문득 어릴 적 꿈꾸던 그런 방을 아이에게 느끼게 해주고 싶어
뚝딱뚝딱 아이 방 공사를 시작합니다.

READY

레드파인루바(가로
1800mm×세로 120mm)
36개, 걸레받이(1800mm
2개, 720mm 1개),
허리몰딩(1800mm 2개,
720mm 2개), 파텍스, 글루건,
줄자

* 시공할 벽 넓이 4320mm×
1800mm, 루바는 구입 시 원하는
길이로 재단을 요청할 수 있다.

HOW TO MAKE

1 시공할 벽 사이즈를 측정한다.

2 벽 사이즈에 맞춰 루바를 준비한다.

3 준비한 루바를 2~3장씩 연결하고 파텍스와 글루건을 함께 도포한다.

4 시공할 벽에 루바를 붙이고 파텍스와 글루건이 퍼지도록 잠시 눌러 준다.

5 콘센트의 위치를 파악하고 그 크기에 맞춰 루바를 잘라 붙인다.

6 아래쪽에 루바를 붙인 것과 같은 방법으로 걸레받이를 붙인다.

7 위쪽의 허리몰딩 역시 루바를 붙인 것과 같은 방법으로 붙여 마무리한다.

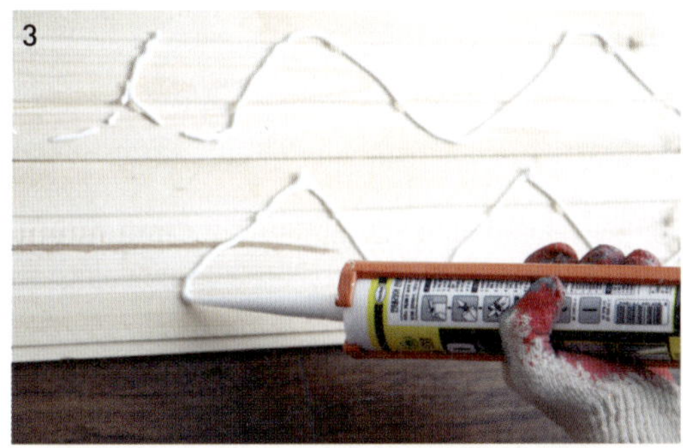

TIP

1 파텍스는 건조하는 데 24시간 정도 소요된다. 그래서 파텍스가 굳는 시간 동안 루바를 고정해 주는 글루건을 함께 도포해야 한다.

2 루바에 천연 스테인이나 바니시와 같은 마감재를 바르면 곰팡이, 수분, 햇빛에 의한 변색과 변질 등을 막을 수 있다. 마감재는 2회 이상 도장하는 것이 좋다.

루바 벽과 어울리는 인테리어 소품

루바 벽을 만들었다면 모두 같은 모양의 침대 헤드를 없애 보세요. 헤드를 없애는 것 하나만으로도 공간이 더욱 넓어 보여요.
머리맡이 허전하다면 아이들이 좋아하는 다양한 모양의 쿠션으로 포인트를 줄 수 있답니다.

나무결 무늬가 따뜻한 원목 책상
부드러운 곡선으로 만들어진 아이용 원목 책상은 보는 사람까지 따뜻하게 만든다.

은은하고 따뜻한 우드 볼 라이트
자연스러운 우드 볼 안에 들어 있는 알전구는 따뜻한 분위기를 연출한다.

부드러운 천연 소재 침대 시트
색깔 있는 이불보다는 깔끔하고 부드러운 느낌이 가득한 흰색 천연 소재가 좋다.

아이가 좋아하는 색으로 포인트
나무 소재를 사용하면 전체적으로 톤다운되는 경향이 있다. 이럴 때는 아이가 좋아하는 색깔로 포인트를 준다. 베개, 쿠션, 커튼 등을 같은 색으로 통일하면 고급스러우면서도 편안한 느낌을 줄 수 있다.

TOY

장난감

유난히 만들기를 좋아하는 아이.
배 속에 있을 때부터
엄마가 꼼지락꼼지락 무엇인가 만든 덕분일까요?
반짝반짝 빛이 나는 근사한 자동차보다
신나는 노래가 나오는 장난감보다
비뚤배뚤 종이로 만든 장난감을 더 좋아합니다.
엄마와 함께 만들어서 즐겁고
세상에 둘도 없는 나만의 장난감이어서
더 좋은 엄마표 장난감.
아이따라 엄마도 신나게 가위질을 합니다.
오늘은 무엇을 만들어 볼까?

목이 긴 기린 만들기

한참 아이가 말을 배우며 동물 이름을 외울 때였어요.
하루는 아이가 "엄마, 기린은 목이 길어!"라고 말하더군요.
동물 이름을 외우고 특징을 알아가는 아이가 얼마나 기특하던지
저도 모르게 "맞아, 맞아. 기린은 목이 길어"라고
신나서 답해 주었어요.

크라프트지(가로 10cm×세로
22cm), 패브릭테이프,
패브릭스티커, 말린 풀,
눈 모형, 자투리 종이, 가위,
목공 본드, 양면테이프

HOW TO MAKE

1 크라프트지에 기린을 그린다.

2 1을 가위로 자른다.

3 말린 풀과 눈 모형을 목공 본드로 붙여 꾸민다.

4 패브릭테이프, 패브릭스티커를 다양한 모양으로 오려 붙인다.

5 뒷면에 자투리 종이 4장을 나란히 붙여 기린의 갈기를 표현한다.

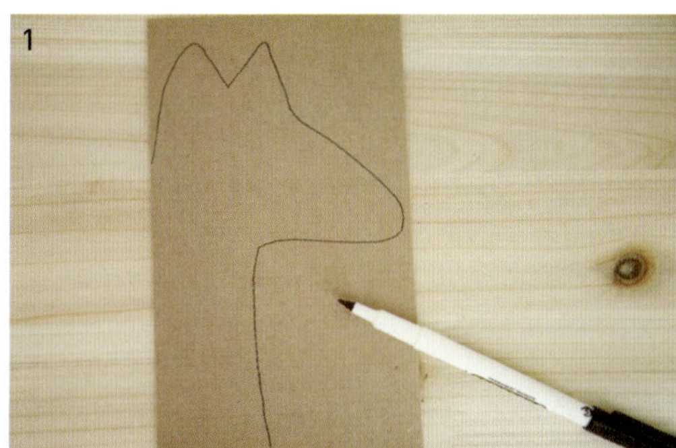

기린을 꾸밀 때 사용하는 말
린 풀이나 꽃은 종류에 상
관없다. 주변에서 쉽게 구
할 수 있는 풀을 두꺼운 책
사이에 넣고 3~4일 말리면
장식 재료로 쓸 수 있다.

못난이 얼굴 만들기

초코 과자를 열심히 먹던 아이가
갑자기 "엄마 나 좀 봐" 하고 부르더군요. 돌아보니 이 사이사이에
초콜릿이 가득 묻고, 입 주변에 과자 부스러기를 잔뜩 묻힌 채
눈을 치켜뜨고 웃긴 표정을 짓는 거예요. 다른 사람이 보기에는
못난이 같아 보일 그 모습도 제 눈에는 마냥 사랑스러웠어요.
오늘은 아이와 그때 이야기를 하며
못났지만 유쾌한 병뚜껑 얼굴을 만들어 봤답니다.

병뚜껑, 색종이, 눈 모형,
나뭇가지, 원형펀치, 가위,
목공 본드, 폼테이프

1 원형펀치로 종이를 동그랗게 자른다.
2 목공 본드로 1에 눈 모형과 나뭇가지를 붙여 재미있는 표정을 만든다.
3 2의 뒷면에 폼테이프를 붙여 병뚜껑 안쪽에 붙인다.

귀를 만들어 붙이면 토끼나
곰 등 아이가 좋아하는 동물
을 만들 수 있다.

팔랑팔랑 나비 만들기

산책을 나갔다가 팔랑팔랑 날아다니는 나비를 발견한
아이가 한참을 쫓아 뛰어다닙니다. 그러곤 집에 돌아와 나비를 만들어 달라고 하네요.
아까 밖에서 본 하얀 날개를 가진 나비를 말이죠.
아이는 엄마에게 이야기하면 뭐든 뚝딱 나오는 줄 아나 봅니다.
아이의 기대에 부흥하기 위해 고민 끝에 도톰한 건티슈로 나비를 만들었습니다.
아이에게 물감으로 직접 장식을 하라고 하니 더욱 재미있어 하네요.

READY

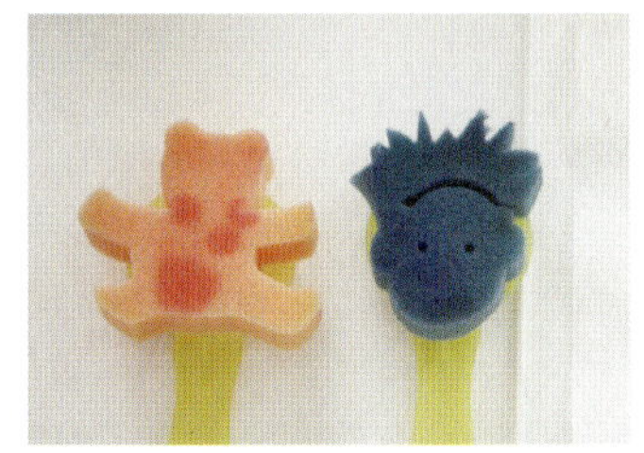

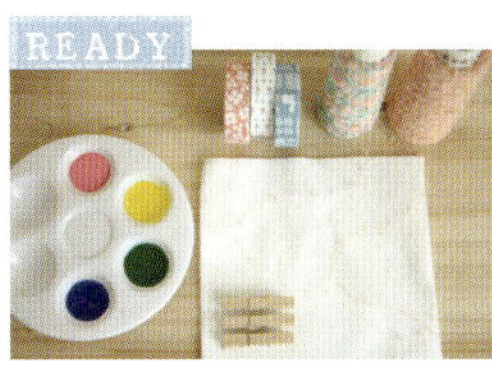

건티슈, 물감, 붓, 스펀지툴,
데코실, 나무집게,
패브릭테이프

HOW TO MAKE

1 스폰지툴에 물감을 묻혀 건티슈에 살짝 찍는다.
2 붓에 물감을 묻혀 빈 공간을 꾸민다.
3 물감을 말린다.
4 3의 가운데를 데코실로 묶는다.
5 패브릭테이프를 오려 나무집게에 붙여 꾸민다.
6 5로 건티슈 가운데 부분을 집는다.

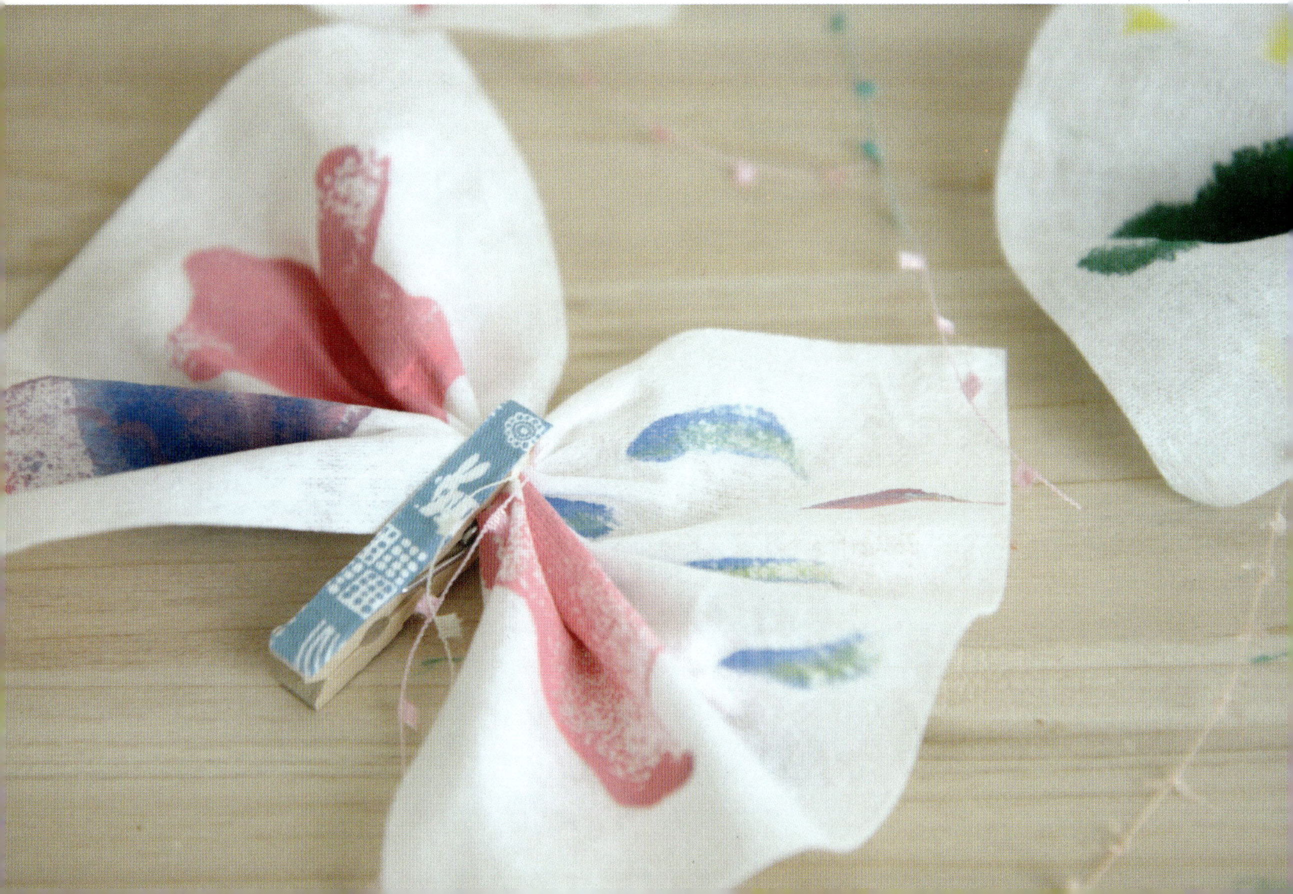

건티슈는 시중에 판매하기도
하지만 집에서 만들 수도 있다.
물티슈를 낱장으로 뽑아 몇 시
간 상온에 두면 물기가 모두
말라 건티슈가 된다.

왕눈이 잠자리 만들기

집 근처에 논밭이 많아 나비며 잠자리 등을 많이 볼 수 있답니다.
하루는 아이가 하늘을 날아다니는 잠자리를 보며 "새다, 새~" 하더군요.
아무리 주변에 논밭이 많아도 도시 아이는 도시 아이인가 봅니다.
집으로 돌아와 아이에게 오늘 본 것은 새가 아닌
고추잠자리라고 알려 주고 함께 잠자리를 만들어 보았어요.

크라프트지(가로 2cm×세로
14cm) 1장, 흰 종이(가로
10×세로 30cm) 2장, 털실,
마 끈, 눈 모형, 솜방울, 풀,
글루건, 가위, 펜, 양면테이프

HOW TO MAKE

1 준비한 크라프트지에 양면테이프를 붙인 뒤 마 끈으로 촘촘하게 감는다.

2 준비한 흰 종이 두 장을 모두 반으로 접어 각각 날개 모양을 그린다.

3 2를 그림 대로 자른 뒤 털실을 동그랗게 만들어 풀로 붙인다.

4 글루건을 사용하여 날개와 몸을 붙인다.

5 솜방울을 몸통 위쪽에 글루건으로 붙이고 그 위에 눈 모형을 붙인다.

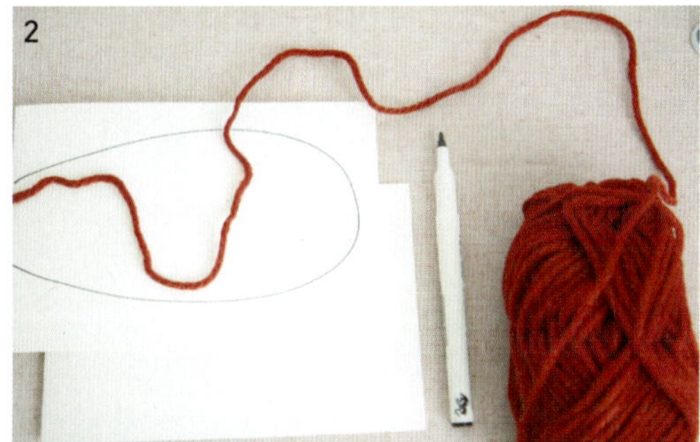

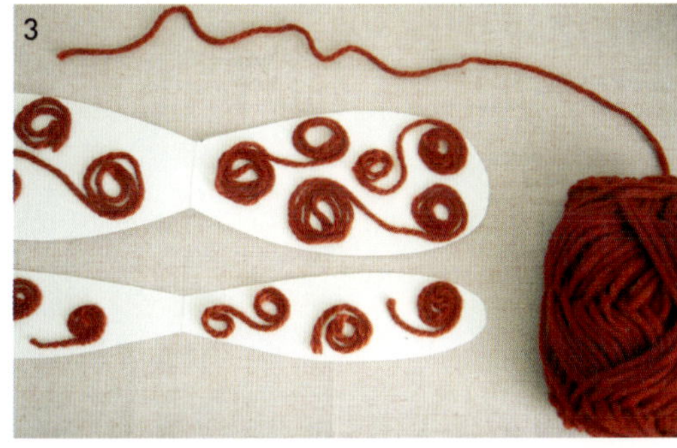

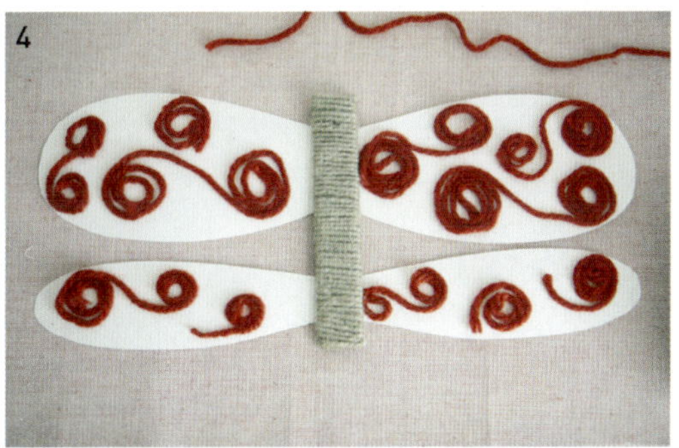

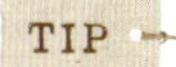

1 날개 모양을 그릴 때는 두
개를 다른 크기로 그리는
것이 더 재미있다.

2 날개에 털실을 붙일 때는
종이에 풀칠을 하는 것이
좋다.

얼굴 꽃 화분 만들기

화분에 물을 주는 것을 보고 있던 아이가
"엄마, 나도 화분 갖고 싶어요"라고 말합니다.
아직 꽃을 돌보기에는 어린 나이라 진짜 화분 대신
시들지 않는 장난감 화분을 만들어 보자 했어요.
화분을 예쁘게 꾸미고 동생 사진 꽃도 꽂고
자기 사진 꽃도 꽂고 물 대신 사랑을 줍니다.

종이컵, 패턴지(가로 23×세로
7cm) 1장, 색지, 쉬레드페이퍼,
나무막대, 마스킹테이프, 사진,
원형펀치, 양면테이프, 풀

HOW TO MAKE

1 준비한 패턴지 위쪽에 양면테이프를 붙인다.
2 1로 종이컵을 감싸 붙인다.
3 원형펀치로 색지를 잘라 6개의 원을 만든다.
4 종이 한 장을 가운데 놓고 테두리에 나머지 종이를 시계 반대 방향으로
　조금씩 겹쳐 붙인다.
5 나무막대를 마스킹테이프로 꼼꼼하게 감싸 4에 붙인다.
6 5 가운데에 동그랗게 자른 사진을 붙인다.
7 종이컵에 쉬레드페이퍼를 넣고 6을 꽂는다.

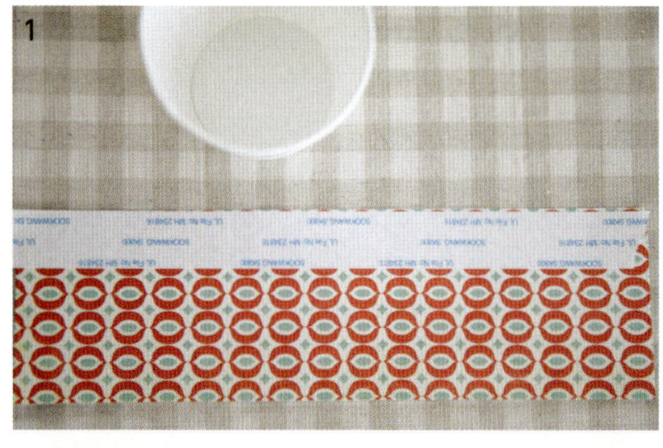

1 종이를 자를 때 가운데에 사용
할 종이는 꽃잎이 되는 종이와
다른 색으로 조금 크게 자르면
꽃을 만들었을 때 훨씬 예쁘다.
2 쉬레드페이퍼를 구하기 어려울
때는 신문지나 휴지를 잘게 찢
어서 넣어도 좋다.

재미있는 낚시 놀이

아이를 데리고 수족관에 간 적이 있어요.
다양한 물고기가 떼를 이뤄서 오가는 모습에 아이가 넋을 잃고 보더군요.
물고기와 인사하고 대화하며 한참을 여기저기 뛰어다니는
아이를 데리고 나오느라 애를 먹었습니다.
그 뒤로 물고기가 보고 싶다는 아이에게 낚싯대와 물고기를 만들어
수족관에 있는 물고기를 우리 집으로 데려오자고 했어요.
정말로 수족관에서 봤던 물고기를 데려오기라도 하는 듯
진지하게 낚싯대를 잡고 있는 모습이 너무나 사랑스러웠습니다.

색지(가로 13cm×세로 10cm),
자투리 종이, 나무막대, 눈
모형, 데코실, 크레파스, 물풀

HOW TO MAKE

1 준비한 색지에 물고기를 그린 후 자른다.
2 자투리 종이를 엄지손톱 크기 정도로 찢거나 세모꼴로 오려 몸통 부분에
  붙인다.
3 나무막대 끝에 데코실을 감아 낚싯줄을 만든다.
4 낚시 바늘과 낚시 고리를 만들 종이를 가로 1cm, 세로 6cm로 각각 자른다.
5 낚시 바늘로 만들 종이를 가로로 두고 가운데를 향해 위아래로 접는다.
6 5의 가운데에 낚시줄을 놓고 반으로 접어 붙인다.
7 낚시 고리로 만들 종이는 세로로 네 번 접어 삼각 모양으로 만들고 아래
  겹친 부분을 풀로 붙인다.
8 7을 물고기 얼굴 부분에 눈 모형과 함께 붙인다.
9 낚시 바늘의 앞부분을 휘어 8의 고리에 걸면 완성된다.

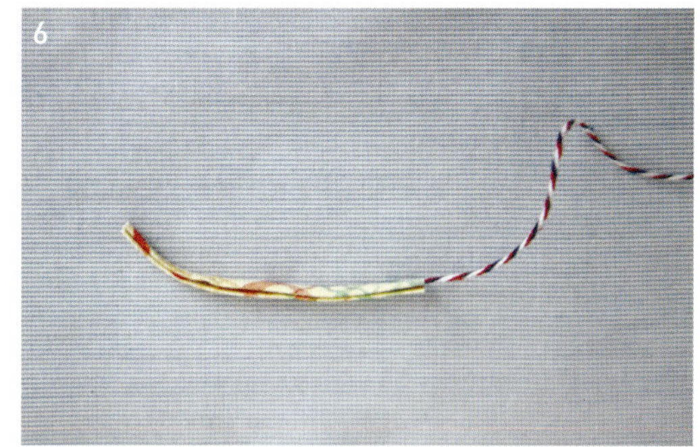

TIP

1 물고기의 몸통을 꾸미는 종이는 평소 아이들이 오리기를 하고 남은 자투리 종이나 잡지를 찢어 사용하면 좋다.

2 낚시 바늘이 휘어진 상태를 단단하게 하려면 종이를 휜 상태에서 여러 번 물풀을 발라 말린다.

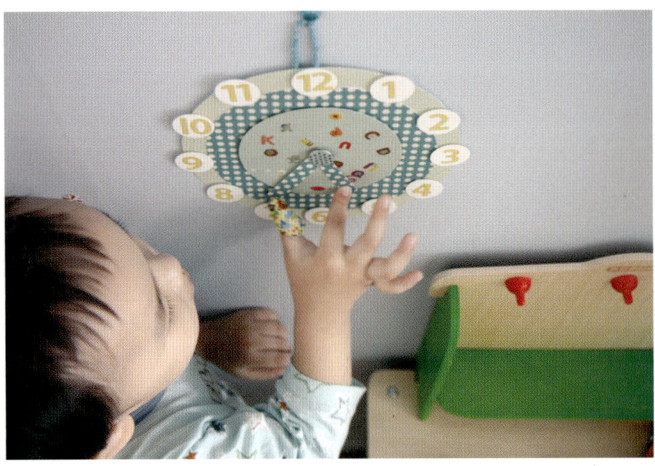

째깍째깍 벽시계 만들기

어릴 적 저희 집에는 거실에 커다란 벽시계가 하나 있었어요.
그 벽시계를 보며 시계 보는 훈련도 했었는데
아이에게 시계 보는 법을 알려 주려고 보니
저희 집에는 그 흔한 벽시계가 하나도 없더라고요.
그래서 아이와 함께 세상에서 하나뿐인 벽시계를 만들어 봤습니다.
움직이는 시계 바늘이 재미있는지 시계 앞에서 떠날 줄을 모릅니다.

READY

패턴지, 흰 종이, 원형펀치,
할핀, 스티커 2종류(숫자
스티커, 꾸미기 스티커),
폼테이프

HOW TO MAKE

1 패턴지는 지름 18cm(A), 14.5cm(B), 10.5cm(C)로 각 1장씩, 흰 종이는 지름
   2.5cm(D)로 12장의 원을 만든다.
2 C에 스티커를 붙여 꾸민다.
3 D에는 숫자 스티커를 1~12까지 붙인다.
4 A 위에 B를 붙이고 그 위에 3을 붙여 숫자 판을 만든다.
5 B를 자르고 남은 종이로 시계 바늘 두 개를 만들어 할핀으로 C에 꽂는다.
   이때 할핀은 아직 고정시키지 않는다.
6 숫자 판에 5를 붙이고 할핀으로 3장의 종이를 모두 끼워 고정시킨다.

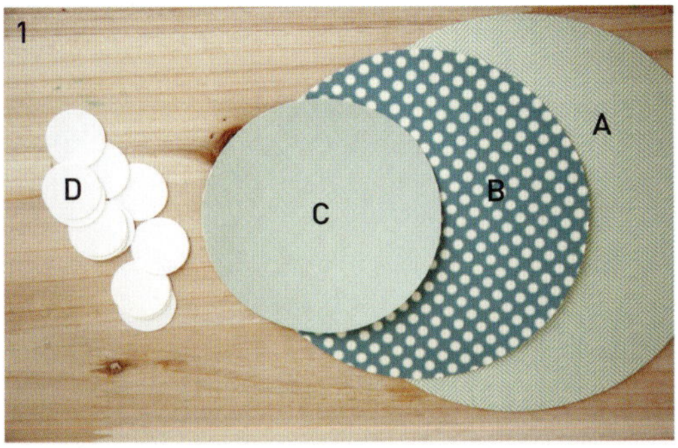

TIP

1 데코실로 고리를 만들어 걸면 인테리어 소품으로 활용할 수 있다.

2 시계 바늘을 움직일 수 있어 아이에게 시계 읽는 법을 가르치는 교구로 활용할 수 있다.

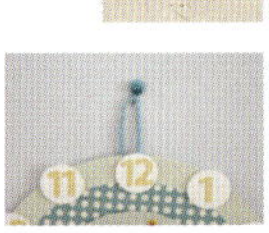

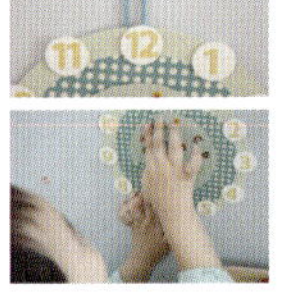

댕그랑 저금통 만들기

부쩍 장난감이며 과자를 사달라 조르는 아이에게
돈에 대한 소중함을 알려 주고 싶어서 저금통을 만들기로 했어요.
저금통을 만들어 놓으니 100원, 500원 동전을 볼 때마다
저금하는 모습이 기특합니다.
그러던 어느 날 장난감 가게를 지나며 빨리 저금통에 동전을
가득 모아야겠다고 하더군요.
그래서 "저금통 가득 채워서 무슨 장난감을 살 거야?" 하고 물으니
"나는 형아니깐 동생 장난감" 하고 답합니다.
자기 장난감이 아니라 동생 장난감을 사주겠다니
우리 아이 언제 이렇게 큰 걸까요?

떠먹는 요구르트 통 2개,
종이(녹색, 빨간색),
눈 모형, 패브릭테이프(가로
21cm×세로 4cm),
양면테이프, 가위, 칼, 글루건

HOW TO MAKE

1 종이를 나뭇잎 모양으로 자른다.
2 통에 양면테이프로 1을 붙인다.
3 통 바닥을 오백 원짜리 동전보다 조금 크게(약 가로 3cm) 뚫는다.
4 같은 모양의 통 두 개를 맞대고 글루건으로 붙인다.
5 나뭇잎을 붙인 통 쪽에 눈 모형과 입 모양을 붙인다.
6 준비한 패브릭테이프를 세로로 두 번 접은 후 아랫부분에 3mm 간격으로
  가위집을 낸다.
7 6을 통의 아래쪽에 치마처럼 붙인다.
8 치마 위에 양면테이프로 레이스를 덧붙여 꾸민다.

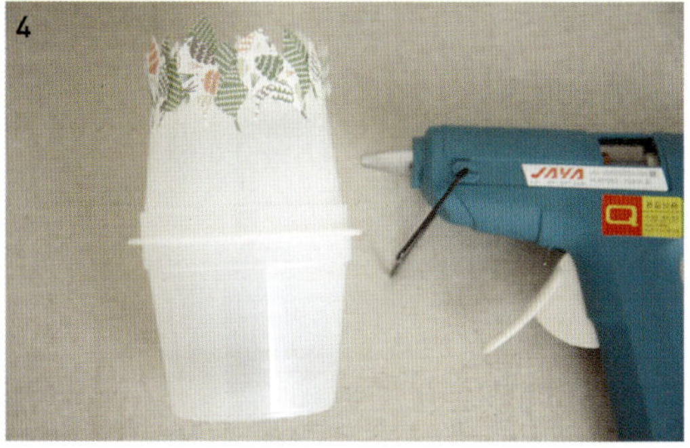

떠먹는 요구르트 통은 같은 모양 두 개라면 무엇이든 상관없다. 다만 간혹 동전이 들어가 찌그러지거나 동전 구멍을 만들 수 없을 만큼 바닥이 두꺼운 경우가 있으니 유의한다.

방울 전화기 만들기

하루는 아이가 손가락으로 전화기 모양을 만들고는 따르릉 소리를 내며
어린이집 친구에게서 전화가 왔다는 거예요.
그리고는 한참 혼자 전화 놀이를 하더군요.
진지하게 통화하는 아이를 보며 재미있는 종이컵 전화기를
만들어 주기로 했어요. 이왕이면 전화벨 소리가 날 수 있도록 방울을 달아 주었습니다.

종이컵 2개, 실, 눈 모형, 방울,
송곳, 색깔 펜

1 두 개의 종이컵에 간단하게 원하는 그림을 그린다.

2 송곳으로 두 개의 종이컵 바닥에 작은 구멍을 뚫는다.

3 구멍에 실의 한쪽을 넣고 그 끝에 방울을 묶는다. 실의 반대쪽 역시 같은
  방법으로 또 다른 종이컵에 고정시킨다.

4 눈 모형을 붙이고 아이들이 좋아하는 재미있는 표정을 그린다.

실이 팽팽하게 당겨져야 소리
가 정확하게 전달되니 실을 너
무 길게 만들지 않는다. 실은 집
에서 바느질할 때 사용하는 실
도 좋지만 쉽게 끊어질 수 있으
니 그것보다 조금 굵은 뜨개실
을 사용하는 것이 좋다.

멋쟁이 시계 만들기

이 세상에 그렇게 많은 캐릭터가 있는 줄 아이를 낳기 전까지 몰랐어요.
뽀로로 정도만 알고 있었는데 웬걸요, 뽀로로는 시작에 불과했어요.
요즘 우리 아이는 한창 파워레인저에 빠져 있습니다.
손목에 시계를 차고 변신하는 모습이 멋있는지 틈만 나면 아빠 손목시계를 차고
변신을 외칩니다. 문제는 시계가 너무 커서 변신을 외치며 힘껏 포즈를 취하면
시계가 사라진다는 것이죠. 그 모습이 귀여워 보기만 하다가
아이 손목에 꼭 맞는 멋진 손목시계를 하나 만들기로 했습니다.
이제 멋지게 변신을 외치고 시계를 주우러 달려가지 않아도 되도록 말이죠.

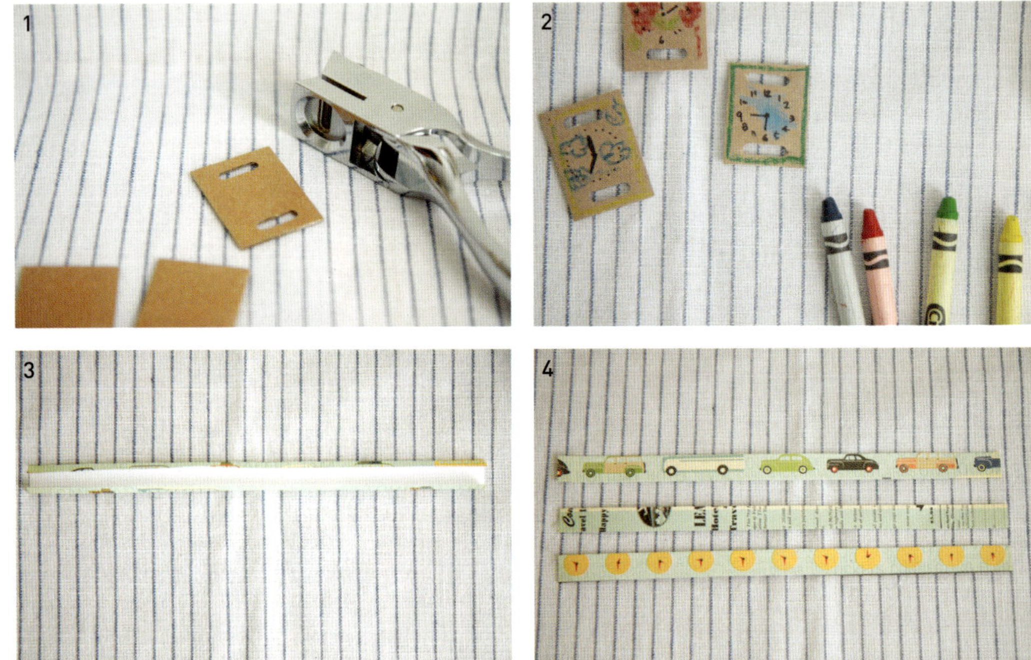

색지[가로 20cm×세로
2.6cm(A), 가로 4cm×세로
3.8cm(B)] 각 1장,
하드크라프트지(가로
4cm×세로 3.8cm) 1장,
크레파스, 네임펜, 일자펀치,
양면테이프, 가위

HOW TO MAKE

1 하드크라프트지에 일자펀치로 구멍을 만든다.
2 1에 크레파스로 시계 그림을 그린다.
3 시계 끈이 될 긴 색지 A를 가로로 두고 가운데를 향해 위아래로 접는다.
4 3의 안쪽에 양면테이프를 붙여 시계 끈을 만든다.
5 색지 B도 시계 끈을 만드는 법과 같이 만들어 양면테이프로 붙인다.
6 5를 시계 끈에 고리로 만들어 끼운다.
7 만들어 둔 시계 판을 6에 시계 그림이 보이도록 끼운다.
8 고리를 끼우지 않은 쪽의 시계 끈의 끝 부분을 뾰족하게 자른다.

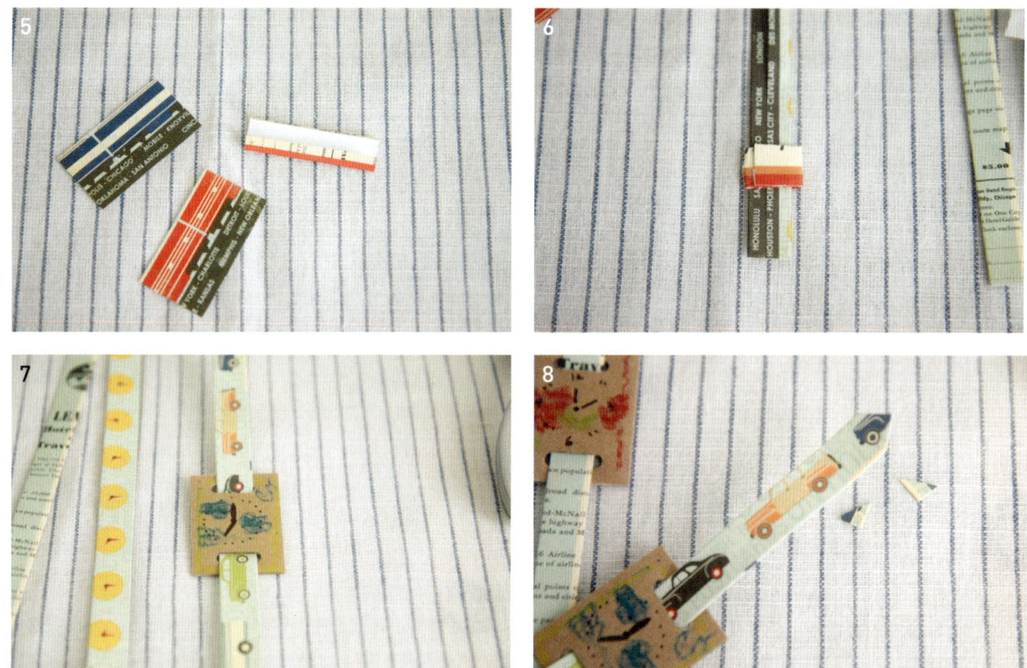

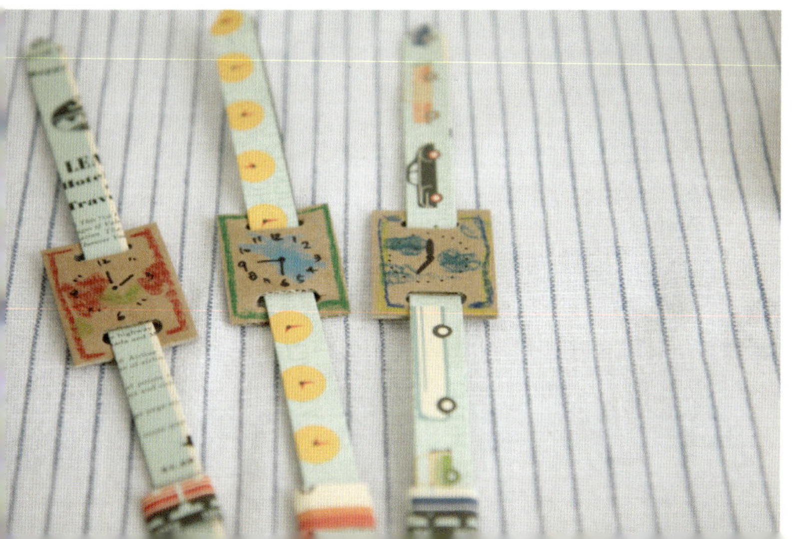

시계 끈을 만들 때 풀로 붙
이면 딱딱하게 굳어 휘어지
지 않으니 반드시 양면테이
프로 붙이도록 한다.

뱅글뱅글 달팽이 만들기

"달팽이집을 지읍시다, 어여쁘게 지읍시다."
동요 CD를 들으며 혼자 놀고 있던 아이가 문득
"엄마, 달팽이집은 어떻게 생겼어요?" 하고 묻습니다.
말로 설명하기에는 너무 어려운 것 같아 이참에
아이와 달팽이를 만들어 보기로 했어요.
늘 집을 등에 지고 다니는 달팽이의 특징을 알려주고
달팽이집에는 뱅글뱅글 무늬가 있다고도 알려 주었죠.

정사각형 모양의 작은 상자,
물감, 팔레트, 흰 종이,
색지, 잡지 표지, 폼테이프,
양면테이프, 가위

HOW TO MAKE

1 팔레트에 원하는 색의 물감을 짠다.
2 잡지 표지를 돌돌 말아 끝에 물감을 묻힌다.
3 흰 종이에 2를 찍어 달팽이의 집을 표현할 회오리 모양을 여러 개 만든다.
4 3은 지름 10cm, 6 cm로, 준비한 색지는 지름 8cm로 자른다.
5 양면테이프를 이용해 상자의 둘레에 색지를 붙인다.
6 상자에 가장 큰 원부터 크기대로 폼테이프로 붙인다.
7 색지에 달팽이 머리 모양을 그린 후 오려 상자 옆쪽에 붙인다.

TIP

달팽이는 다리가 없고 집과
항상 함께 움직인다 등 아이
에게 달팽이의 특징을 설명
하며 함께 만들면 아이의 관
찰력, 자연 학습에 도움이
된다.

시원한 손부채 만들기

더운 여름, 땀을 흘리는 아이에게 손으로 부채질을 해줬어요.
일반 부채보다 시원하지 않았을 텐데 아이는 엄마가 직접 부쳐 주는
손부채를 더 좋아합니다. 문제는 엄마가 힘들다는 것이지요.
그래서 꾀를 내어 아이도 시원하고 엄마도 편할 수 있는
엄마 손부채를 만들어 주었습니다. 엄마 손, 아빠 손, 아이 손까지
어떤 손이 가장 시원한지 골라서 부쳐 보는 재미가 있답니다.

종이, 크레파스, 가위, 할핀,
송곳

1 엄마, 아빠, 아이 모두 종이에 손을 대고 그린다.
2 가족의 손 모양 그림을 모두 오린다.
3 다양한 크기의 손 모양 종이를 모아 송곳으로 아래쪽에 구멍을 뚫는다.
4 할핀으로 손 모양을 하나로 연결해 고정시킨다.

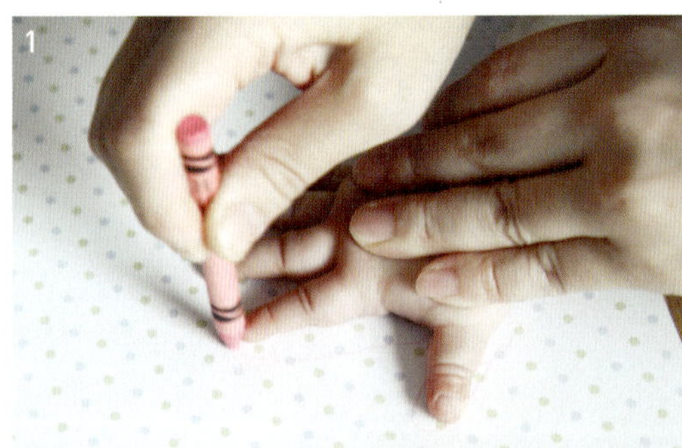

무늬가 없는 종이로 만들었
다면 손가락에 반지를 그리
거나 손톱에 색을 칠하는 등
아이와 함께 꾸미기 놀이를
해보자.

움직이는 토끼 만들기

하루는 아이가 아끼는 장난감의 팔이 빠져버렸어요.
근사한 몸체에 팔이 자유자재로 움직이는 것이 매력적인 로봇 장난감이었는데 말이죠.
처음에는 어떻게든 고쳐 보려던 아이가 고치지 못하는 것을 깨닫자
부서진 장난감 팔을 한 손에 쥐고 엉엉 울어버리는 거예요.
어찌나 서럽게 울던지 저도 눈물이 날 것 같았어요.
아이를 달래기 위해 얼른 조물조물 엄마표 장난감을 만들었어요.
부서진 장난감과는 비교할 순 없지만 엄마의 사랑이 가득 담긴,
팔다리에 귀까지 움직이는 토끼입니다.

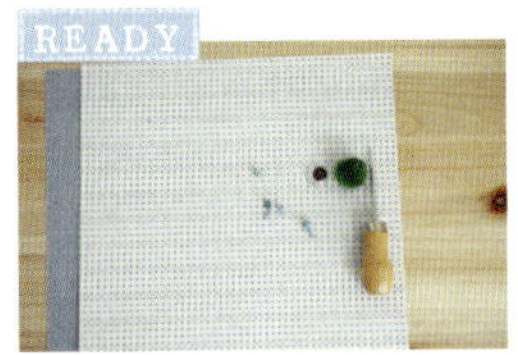

READY

종이, 펜, 눈, 가위, 할핀, 송곳, 솜방울

HOW TO MAKE

1 종이에 토끼의 귀, 머리, 몸통, 다리 등(별첨 도안지 참조)을 그려 자른다.
2 토끼 머리와 몸통을 할핀으로 연결한다.
3 머리 위쪽에 귀를 할핀으로 연결한다.
4 몸통 아래쪽에 다리를 할핀으로 연결한다.
5 머리에 눈 모형을 붙이고 엉덩이 부분에 솜방울을 붙여 꼬리를 만든다.

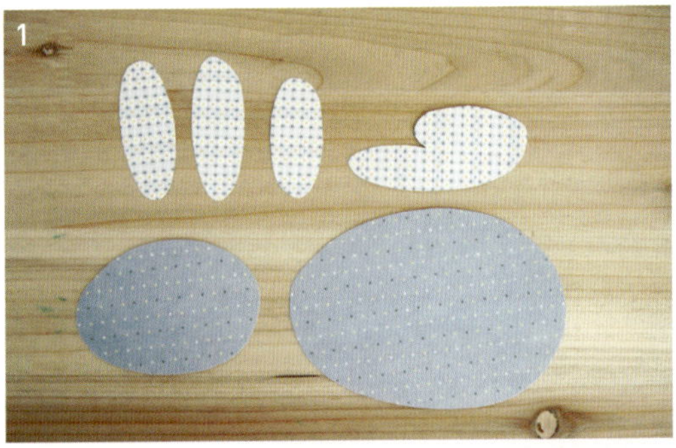

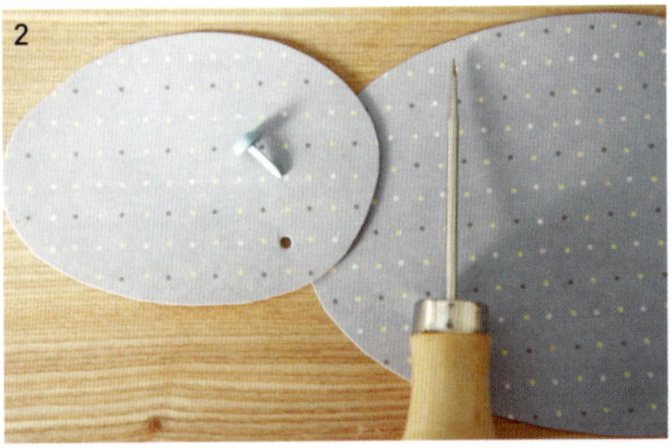

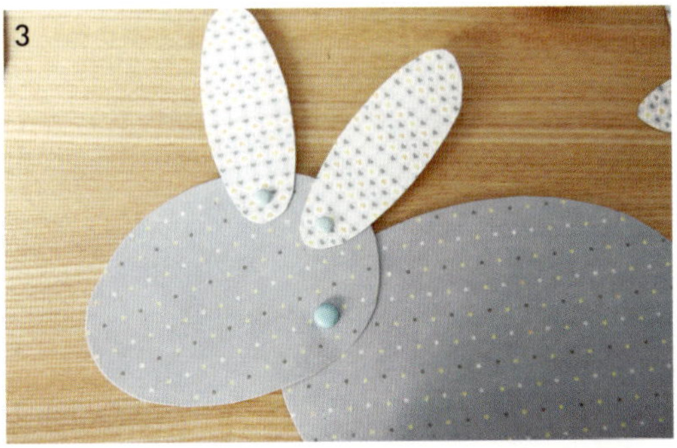

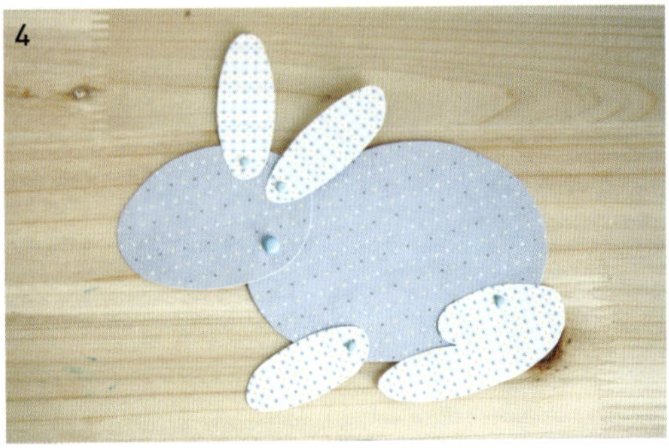

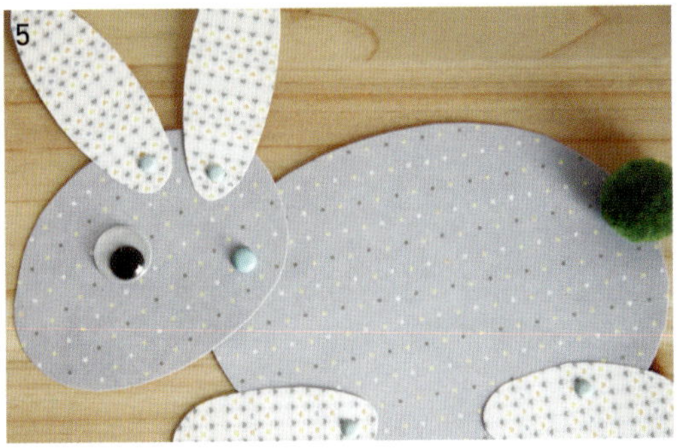

인형 극장 만들기

날이 추워 밖에 나갈 수는 없고 아파트에 살다 보니 집에서는 공놀이를 할 수가 없어요.
추운 겨울 공놀이를 하고 싶어 하는 아이를 위해 아이 대신
인형들이 뛰어놀 수 있는 작은 극장을 만들기로 했어요.
아이가 좋아하는 뽀로로와 패티가 주인공입니다.
아이가 캐릭터를 좌우로 움직이며 실제로 공을 던지기도 하고
발로 차기도 하는 듯 땀까지 흘리며 놉니다.
"엄마 최고!" 아이가 눈부시게 웃으며
엄지손가락을 치켜듭니다. 그 모습에 엄마는 너무 행복합니다.

직사각형 모양의 빈 상자,
패턴지, 캐릭터 그림,
하드보드지, 칼, 양면테이프

HOW TO MAKE

1 준비한 상자 앞면을 텔레비전처럼 2cm를 남기고 잘라낸다.
2 패턴지로 상자를 포장한다.
3 구멍을 낸 곳에 칼집을 낸다.
4 상자 안쪽이 지저분하지 않도록 칼집 낸 포장지를 적당히 잘라 깔끔하게
  접어 붙인다.
5 준비한 캐릭터 그림을 여백 없이 오린다.
6 상자 양쪽 옆면에 칼집을 내고 하드보드지를 칼집 크기에 맞게 잘라 넣는다.
7 캐릭터 그림을 상자 안쪽으로 넣어 6에 붙인다.

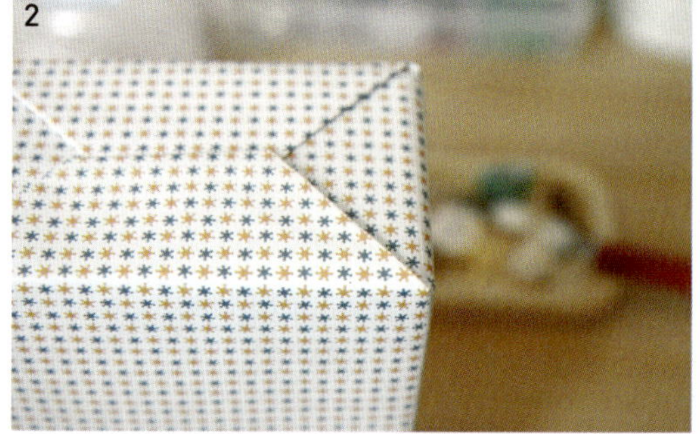

1 상자에 패턴지를 깔끔하게 붙이
  려면 상자의 테두리와 중앙에 미
  리 양면테이프를 붙인다.
2 극장 안에 상황을 설정하여 축구
  공 등 상황에 맞는 액세서리를
  추가하면 더욱 재미있게 놀 수
  있다.

나만의 종이 만들기

이것저것 만드는 것을 좋아하는 엄마의 영향인지 아이는 완제품 장난감보다
직접 만드는 것을 더 좋아합니다. 하루는 색종이로 종이접기 놀이를 하다가
아예 색종이도 만들고 싶다는 거예요. 흰 종이를 내주었더니
파란색, 빨간색으로 색칠을 하더군요. 그 모습에 아이디어를 얻어 아이와
나만의 종이 만들기를 해보았어요. 지우개로 스탬프를 만들어
콩콩콩 재미있는 도장 놀이도 하고, 만들어진 종이로
배도 만들고 비행기도 접어 보았습니다.

종이, 지우개, 칼, 색깔 펜

HOW TO MAKE

1 지우개를 원하는 크기로 자르고 그 위에 색깔 펜으로 스탬프 모양을 그린다.
  이때 도장을 찍으면 좌우가 바뀌어 나오는 것을 염두해 둔다.
2 칼로 1의 모양을 중심으로 대강 지우개를 잘라낸다.
3 음각을 주기 위해 세밀하게 모양을 따라 지우개를 도려낸다.
4 종이에 스탬프를 찍어 나만의 종이를 만든다.

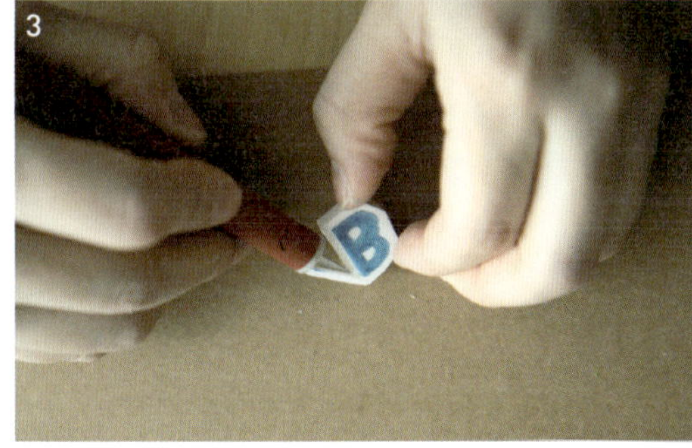

TIP

지우개 스탬프는 칼을 사용해야
하므로 꼭 보호자가 만들고 아이
는 스탬프 찍기, 종이접기 등을 하
게 한다.

나만의 종이로 만든 종이배

어릴 적 색종이로 접을 수 없어 공책을 찢어 접던 종이배 접기 기억하세요?
종이비행기나 종이학은 모두 정사각형 색종이로 접을 수 있는데 유독 종이배만 직사각형 종이가 필요해
불만스러웠던 기억이 납니다. 얼마 전 아이가 배를 접어 달라는 말에 아주 오랜만에 종이배를 접었어요.
가물가물한 기억을 따라 완성하고는 아이보다 더 기뻐했답니다.
예쁘게 스탬프로 찍은 나만의 종이로 정사각형 색종이로는 접을 수 없는 종이배를 접어 보세요.
참, 종이배는 달력같이 커다란 종이로 접으면 종이모자로 쓸 수도 있답니다.

A4 용지

1 A4용지를 가로로 반 접는다. 이때 종이의 무늬가 있는 면을 안쪽으로
  오도록 해야 완성했을 때 무늬가 보인다.
2 정중앙을 알 수 있도록 세로로 한 번 접어다 편 뒤, 이 선을 기준으로
  아래쪽을 세모꼴로 접는다.
3 아랫부분의 종이를 각각 앞뒤로 올려 접는다.
4 아랫부분을 벌려 마름모꼴로 만든다.
5 마름모꼴 아랫부분을 각각 앞뒤로 올려 접는다.
6 4의 방법과 같이 다시 세모꼴의 아랫부분을 벌려 마름모꼴을 만든다.
7 마름모의 위쪽 종이를 양쪽으로 잡아당기면 종이배 완성이다.

설연의 즐겨찾기 22

매일매일 화보 같은 설연의 일상에는 뭔가 특별한 게 있다.
도대체 어디서 구입하는지 궁금하기만 한 그녀의 빛나는 소품들.
종이 장난감, 아이 책상, 인형, 침구, 그릇 하다못해 도장까지….
그녀의 반짝이는 사진 속 물건들을 만날 수 있는 쇼핑몰을 소개한다.

만들기 재료

라온힐조파티숍
파티 DIY, 탄생찌액자 재료
www.raonhilzo.kr

데일리라이크
포장종이, 마스킹테이프, 데코실, 패브릭 및 DIY 재료
www.dailylike.co.kr

유투디자인
세계지도, 우드사인 및 인테리어 소품
www.u2d.co.kr

스위트팩
OPP 및 각종 비닐 포장 재료
www.sweetpack.co.kr

메이크문구
나무집게, 나무막대 및 각종 만들기 재료
www.makemungu.com

디웨이
펠트지 및 펠트자재
www.dway.co.kr

핸즈링크
스탬프, 펀치, 패턴지 및 스크랩북킹 재료
www.handslink.com

페이퍼모아
각종 종이
www.papermore.com

인테리어

포핸즈키즈
유아 원목 가구 및 디자인 가구
www.fourhandskids.kr

지미엔코퍼니처
맞춤 디자인 가구 및 패브릭 소파
www.jimmyco.co.kr

그린베이
루바 및 각종 목재 DIY 재료
www.greenbay.kr

삼화페인트
친환경 페인트
www.paintclub.co.kr

사진

라엘포토
돌잔치 및 스냅 촬영
www.laelphoto.com

스냅스
디지털 사진인화
www.snaps.kr

패브릭 핸드메이드 소품

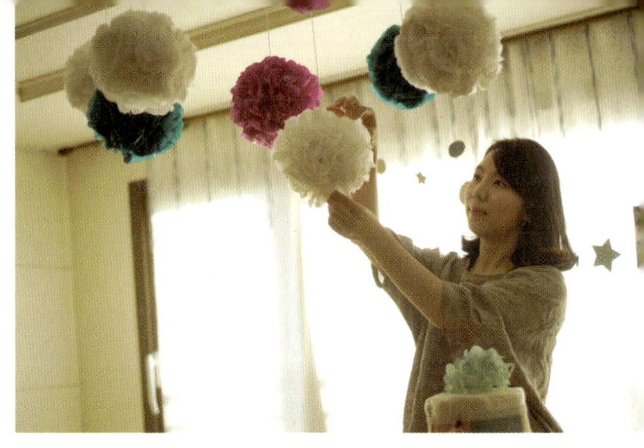

코튼트리
유아침구 및 핸드메이드침구
www.cottontree.co.kr

소아베
핸드메이드 유아용품
www.soabe.com

날아라미쎄스깡
DIY 인형 재료
www.nalalamrskkang.com

옌샵
홈파티 의상 및 핸드메이드 아이 옷
www.yenshop.co.kr

기타

도담인
수제 맞춤 도장
www.dodamin.com

목화랑새솜이건티슈
건티슈 및 유아 육아 용품
www.saesom.co.kr

키친앤리빙
주방 및 생활 용품
www.kitchen-living.co.kr

케빈즈파이
전통 미국식 수제 파이 전문점
www.kevinspie.co.kr

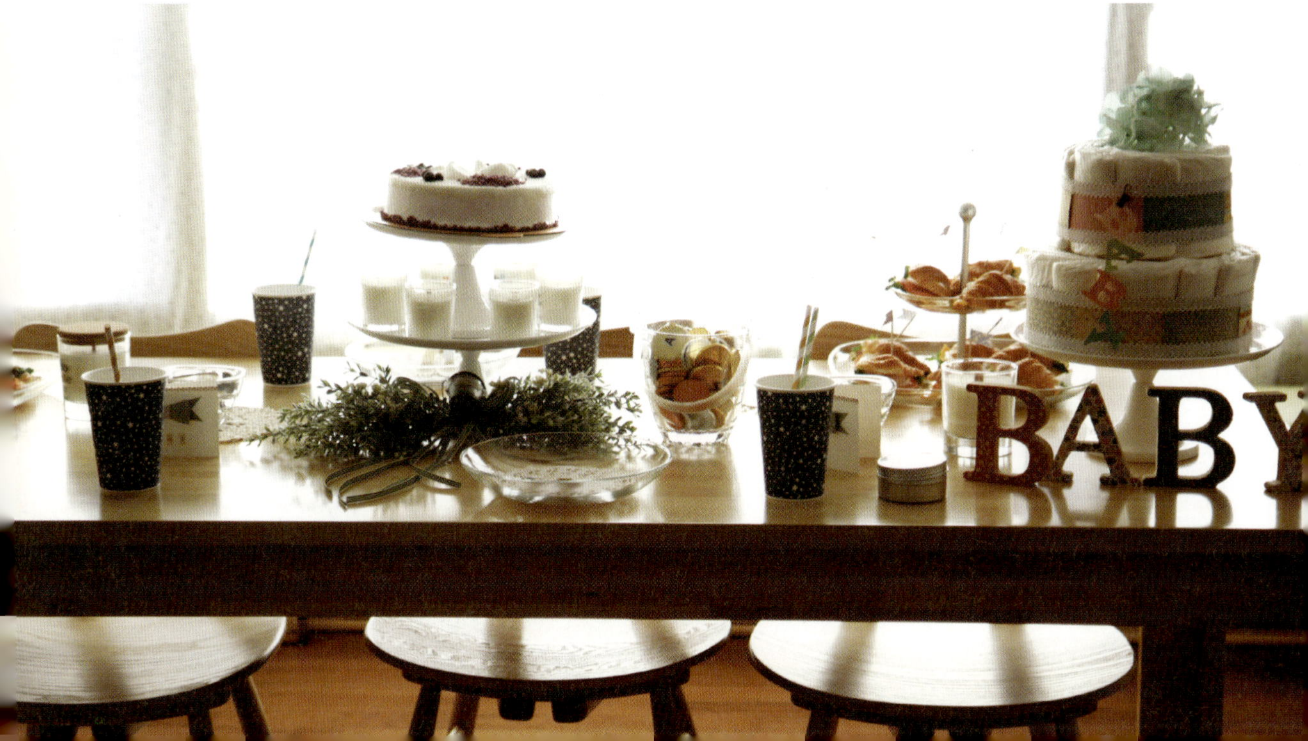

파워블로거 설연의 감성 육아 메이킹 다이어리

엄마 공작실

1판 1쇄 인쇄 2014년 2월 28일
1판 1쇄 발행 2014년 3월 5일

지은이 박설연
펴낸이 고영수

기획편집 장선희 이선일 양춘미
마케팅 유경민 김재욱 | 제작 김기창
총무 문준기 노재경 송민진 | 관리 주동은 조재언 신현민

펴낸곳 청림Life | 출판등록 제2010−000315호
주소 135-816 서울시 강남구 도산대로 38길 11번지(논현동 63)
    413-756 경기도 파주시 교하읍 문발리 파주출판도시 518-6번지 청림아트스페이스
전화 02)546-4341 | 팩스 02)546-8053
홈페이지 www.chungrim.com | 이메일 life@chungrim.com
블로그 cr_life.blog.me | 페이스북 www.facebook.com/chungrimlife
트위터 @chungrimLife

디자인 Design group ALL

ISBN 978-89-97195-45-9 (13590)

＊책값은 뒤표지에 있습니다. 잘못된 책은 바꾸어 드립니다.
＊청림Life는 청림출판㈜의 논픽션·실용도서 전문 브랜드입니다.

Dailylike
land & homey

한 줄 한 줄 써진 손편지에 감동하고
직접 내린 커피 한 잔을 손수 만든 티코스터와 함께 하며
일상의 소소한 즐거움을 주변 사람들과 나누는 것에 행복해합니다.

데일리라이크는 라이프 스타일 브랜드로
여러분의 일상에 함께 하기를 원합니다.

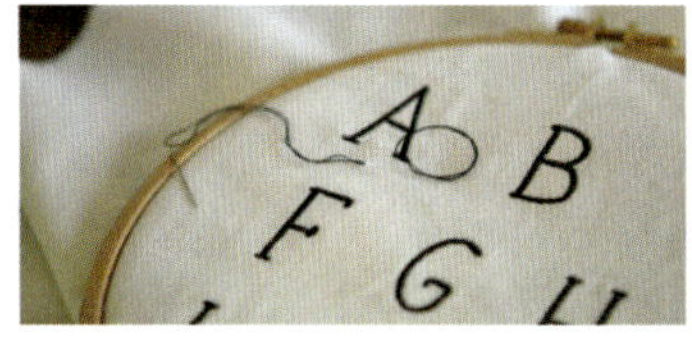

At sewing

데일리라이크만의 감성으로 디자인한 패턴 원단을
꾸준히 출시하고 있습니다. 데일리라이크 원단으로
만든 쏘잉 부자재 또한 만나보실 수 있습니다.

Scrapbooking

스크랩북킹에 필요한 패브릭 스티커, 패브릭 테이프,
마스킹 테이프 등의 다양한 제품들이 있으며, 각종
리폼 시에도 손쉽게 사용하실 수 있습니다.

Gift wrap

포장지, 기프트 백, 기프트 박스와 데코 스티커, 스트링
등 선물 포장뿐만 아니라 다양한 용도로 활용할 수
있는 제품들이 있습니다.

Stationery

다이어리, 플래너 등 다양한 지류 및 문구 제품을
만나볼 수 있습니다.

Ladylike

홈 패브릭 및 잡화류 카테고리로 데일리라이크 디자인
의 다양한 완제품과 직접 컬렉션 한 리빙 제품들을
구매하실 수 있습니다.

착한 상품

특정 카테고리에 제한되지 않은 우수한 품질의 상품을
기업의 이익을 줄이고 저렴한 가격으로 제공하며 판매
수익금의 5%는 사회복지 시설에 기부됩니다.